国家高技能人才培训规划教材

多轴加工技术

DUOZHOU JIAGONG JISHU

刘东宇 主 编

张 欢 隋永志 副主编

江苏大学出版社
JIANGSU UNIVERSITY PRESS

镇 江

图书在版编目(CIP)数据

多轴加工技术/刘东宇主编. —镇江:江苏大学
出版社,2017.10
ISBN 978-7-5684-0451-8

Ⅰ.①多… Ⅱ.①刘… Ⅲ.①数控机床－加工 Ⅳ.
①TG659

中国版本图书馆 CIP 数据核字(2017)第 099101 号

多轴加工技术
Duozhou Jiagong Jishu

主　　编/刘东宇
责任编辑/郑晨晖
出版发行/江苏大学出版社
地　　址/江苏省镇江市梦溪园巷 30 号(邮编:212003)
电　　话/0511-84446464(传真)
网　　址/http://press.ujs.edu.cn
排　　版/镇江文苑制版印刷有限责任公司
印　　刷/虎彩印艺股份有限公司
开　　本/787 mm×1 092 mm　1/16
印　　张/9
字　　数/222 千字
版　　次/2017 年 10 月第 1 版　2017 年 10 月第 1 次印刷
书　　号/ISBN 978-7-5684-0451-8
定　　价/32.00 元

如有印装质量问题请与本社营销部联系(电话:0511-84440882)

前　言

　　德玛吉 DMU 60 五轴立式加工中心是当今主流的精密零部件制造设备之一。它独特的五轴联动加工解决方案极大地提高了生产效率，被广泛应用于医疗、航空航天、教学科研等领域。本书以该设备为基础讲解五轴加工中心的应用操作。

　　UG 是当今最流行的 CAD/CAM/CAE 系列参数化软件之一。它经历了一系列版本的升级与更新，其丰富的模块、强大的功能与友好的界面使其成为当今世界运用最普遍的参数化软件，被广泛用于汽车、船舶、机械、航天、IT、家电及玩具等行业。UG NX 10.0 为该软件的最新版本，本书着重讲述该软件的三维建模和后处理功能。

　　与同类书籍相比，本书注重理论与实践的结合，以工作过程为导向，以典型零件的加工为载体，以 UG 建模，并以仿真虚拟加工作为辅助手段，将多轴加工基础知识与建模、加工、仿真技术相结合。本书包括 7 章，分别为安全规程及机床维护、五轴加工中心基本操作（DMU 60）、UG NX 概述、平面铣加工、轮廓铣加工、多轴加工、叶轮加工。通过学习，学生可以了解多轴加工的基础知识，UG 软件主要的三维建模、仿真加工、后处理功能及多轴加工策略。本书适合作为职业技术教育数控技术及相关专业的教材，同时也适合企业培训或相关技术人员参考。

　　全书共 7 章，各章内容简要介绍如下：

　　第 1 章　安全规程及机床维护：主要介绍安全操作规程、数控加工中心的操作规程及数控机床维护与保养。

　　第 2 章　五轴加工中心基本操作（DMU 60）：主要介绍 DMU 60 monoBLOCK 的技术数据和特性、Heidenhain 操纵系统、五轴加工中心的基本操作及五轴加工中心的手动编程加工。

　　第 3 章　UG NX 概述：主要讲解 UG NX 基础知识、形状公差和形状误差检测、工作界面及各功能模块的功能。

　　第 4 章　平面铣加工：主要讲解平面铣削加工的加工前分析及工装的准备、平面铣削加工及底和壁精加工时的各参数的设置，最后应用 UG NX 后置处理功能，生成能够适用于 DMU 60 五轴加工中心的程序。

　　第 5 章　轮廓铣加工：主要讲解轮廓铣削加工的加工前分析及工装的准备，以及型腔铣、底壁加工、等高轮廓铣等不同铣削加工时的各参数的设置，最后应用 UG NX 后置处理功能，生成能够适用于 DMU 60 五轴加工中心的程序。

第 6 章　多轴加工:主要讲解多轴铣削加工的加工前分析及工装的准备,以及可变轴轮廓铣削加工时的各参数的设置,最后应用 UG NX 后置处理功能,生成能够适用于 DMU 60 五轴加工中心的程序。

第 7 章　叶轮加工:主要讲解叶轮铣削加工的加工前分析及工装的准备,以及多叶片粗精、轮毂加工时的各参数的设置,最后应用 UG NX 后置处理功能,生成能够适用于 DMU 60 五轴加工中心的程序。

本书由刘东宇主编,参与本书创作的人员有隋永志、张欢、王宝进、蔡俊、王锡岭、王雨峰等,同时也感谢王玲对本书的文字校对。尽管编者倾力相注,但由于时间仓促,加之水平有限,书中难免存在疏漏之处,恳请广大读者和专家批评指正,我们定会在再版中全力改进。

编　者
2017 年 3 月

Contents

目　录

第1章　安全规程及机床维护

1.1　文明生产和安全操作规程

1.1.1　文明生产和安全操作技术

1. 文明生产

文明生产是企业管理中的一项十分重要的内容,它直接影响产品质量,设备和工、夹、量具的使用效果及寿命,还会影响操作工人技能的发挥。操作者除了掌握数控机床的性能并精心操作以外,还必须养成良好的文明生产习惯和严谨的工作作风,具有较好的职业素质、责任心和良好的合作精神。操作时应做到以下几点:

①操作人员应按规定穿戴好劳动保护用品,不得穿戴有危险性的服饰品。

②进入数控实习工场后,应服从安排,听从指挥,不得擅自启动或操作车床数控系统。

③启动数控车床前,应该仔细检查数控车床各部分机构是否完好,各传动手柄、变速手柄(主要指经济型数控车床)的位置是否正确,还应按要求认真检查数控系统及各电器附件的插头、插座是否联接可靠。

④对数控车床主体,应按普通数控车床的有关要求进行文明使用和养护。

⑤操作数控系统前,应检查两侧的散热风机是否运转正常,以保证良好的散热效果。

⑥操作数控系统时,对各按键及开关的操作不得用力过猛,更不允许用扳手或其他工具进行操作。

⑦在不加工螺纹时,主轴脉冲发生器应与主轴脱开联接,以延长其使用寿命。

⑧当自动转位刀架未回转到位时,不得强行用外力使刀架非正常定位,以防止损坏刀架的内部结构。

⑨虽然数控车削加工过程是自动进行的,但并不属无人加工性质,故仍需要操作者经常观察,并且不允许操作者随意离开生产岗位。

⑩除了按规定关机外,还应认真做好卫生工作,以保持数控机床及周围环境的整洁。

2. 安全操作技术

(1)数控机床启动前的注意事项

①启动前,要熟悉机床的性能、结构、传动原理、操作顺序及紧急停机方法。

②检查润滑油和齿轮箱内的油量情况。

③检查紧固螺钉,不得松动。

④清扫机床周围环境,要保持机床和控制部分清洁,不得在取下罩盖后开启机床。

⑤ 校正刀具,使其达到使用要求。

（2）调整程序时的注意事项

① 使用正确的刀具,严格检查机床原点、刀具参数是否正确。

② 确认运转程序和加工顺序是否一致。

③ 不得进行超出数控机床加工能力的作业。

④ 在数控机床停机时进行刀具调整,确保刀具在换刀过程中不和其他部位发生碰撞。

⑤ 确定工件的夹具具有足够的强度。

⑥ 程序调整完毕后,要再次检查,确认无误后方可开始加工。

（3）数控机床运转中的注意事项

① 机床启动后,在其自动连续运转前,必须监视其运转状态。

② 确保切削液输出通畅,流量充足。

③ 机床运转时,应关好防护罩,不得调整刀具和测量工件尺寸,手不得靠近旋转的刀具和工件。

④ 停机时除去工件或刀具上的切屑。

（4）加工完毕时的注意事项

① 清扫数控机床。

② 用防锈油润滑机床。

③ 关闭系统,关闭电源。

3．数控机床使用中应注意的事项

使用机床之前,应仔细阅读机床使用说明书及其他有关资料,以便正确操作和使用机床,并注意以下几点：

① 机床操作、维修人员必须是掌握相应机床专业知识的专业人员或经过技术培训的人员,且必须按安全操作规程及安全操作规定操作机床。

② 非专业人员不得打开电柜门,专业人员打开电柜门前必须确认已经断开机床总电源开关。只有专业维修人员才允许打开电柜门进行通电检修。

③ 除一些供用户使用并可以改动的参数外,其他系统参数、主轴参数、伺服参数等,用户不能私自修改。

④ 修改参数后,进行第一次加工时,机床在不装刀具和工件的情况下采用机床锁住、单程序段等方式进行试运行,确认机床正常后再使用。

⑤ 机床的 PLC 程序是机床制造商按机床需要设计的,不需要修改。不正确的修改,可能造成机床的损坏,甚至伤害操作者。

⑥ 建议机床连续运行时间不超过 24 h,如果连续运行时间太长,会影响电器系统和部分机械器件的使用寿命,从而会影响机床的精度。

⑦ 机床全部连接器、接头等不允许带电拔、插操作,否则将引起严重的后果。

1.1.2　数控铣床、加工中心的操作规程

为了正确合理地使用数控铣床、加工中心,保证机床正常运转,必须制定比较完整的数控铣床、加工中心操作规程,通常应当做到以下几点：

① 机床通电后,检查各开关、按钮和按键是否正常、灵活,机床有无异常现象。

② 检查电压、气压、油压是否正常,需要手动润滑的部位要先进行手动润滑。

③ 各坐标轴手动回零(机床参考点),若某轴在回零前已在零位,必须先将该轴移动离零点有效距离后,再手动回零。

④ 在进行零件加工时,工作台上不能有工具或任何异物。

⑤ 开机后让机床空运转达 15 min 以上,使机床达到热平衡状态。

⑥ 程序输入后,应认真核对,保证无误,其中包括对代码、指令、地址、数值、正负号、小数点及语法的核对。

⑦ 按工艺规程安装、找正夹具。

⑧ 正确测量和计算工件坐标系,并对所得结果进行验证和验算。

⑨ 将工件坐标系输入偏置页面,并对坐标、坐标值、正负号、小数点进行认真核对。

⑩ 安装工件以前空运行一次程序,观察程序能否顺利执行,刀具长度选取和夹具安装是否合理,有无超程现象。

⑪ 刀具补偿值(刀长、半径)输入偏置页面后,要对刀补号、补偿值、正负号、小数点进行认真核对。

⑫ 装夹工件,注意机用虎钳是否妨碍刀具运动,检查零件毛坯和尺寸超常现象。

⑬ 检查各刀头的安装方向及各刀具的旋转方向是否符合程序要求。

⑭ 查看各杆前、后部位的形状和尺寸是否符合加工工艺的要求,是否碰撞工件与夹具。

⑮ 镗刀头尾部露出刀杆直径部分必须小于刀尖露出刀杆直径部分。

⑯ 检查每把刀柄在主轴孔中是否都能拉紧。

⑰ 无论是首次加工的零件,还是周期性重复加工的零件,首件都必须对照图样工艺、程序和刀具调整卡进行逐段程序的试切。

⑱ 单段试切时,快速倍率开关必须置于最低挡。

⑲ 每把刀具首次使用时,必须先验证它的实际长度与所给刀补值是否相符。

⑳ 在程序运行中,要重点观察数控系统的几种显示:a. 坐标显示,可了解目前刀具运动点在机床坐标系及工件坐标系中的位置,了解程序段落的位移量及还剩余多少位移等。b. 工作寄存器和缓冲寄存器显示,可看出正在执行的程序段各状态指令和下个程序段的内容。c. 主程序和子程序显示,可了解正在执行的程序段的具体内容。

㉑ 试切进刀时,在刀具运行至 30~50 mm 处,必须在进给保持下验证 Z 轴剩余坐标值和 X,Y 轴坐标值与图样是否一致。

㉒ 对一些有试刀要求的刀具,采用"渐近"的方法,如镗孔,可先试镗一小段长度,检测合格后,再镗整个长度。使用刀具半径补偿功能的刀具数据,可由小到大,边试切边修改。

㉓ 试切和加工中,刃磨刀具和更换刀具后一定要重新测量刀长并修改刀补值和刀补号。

㉔ 程序检索时应注意光标所指位置是否合理、准确,并观察刀具与机床运动方向的坐标方向是否正确。

㉕ 程序修改后,对修改部分一定要仔细计算和认真核对。

㉖ 手摇进给和手动连续进给操作时,必须检查各种开关所选择的位置是否正确,弄清正负方向,认准按键,然后进行操作。

㉗ 全批零件加工完全后,应核对刀具号、刀补值,使程序、偏置页面、调整卡及工艺中的刀具号、刀补值完全一致。

㉘ 从刀库中卸下刀具,按调整卡或程序清理编号入库。

㉙ 清扫机床。

㉚ 将各坐标轴停在中间位置。

数控铣床的一般操作步骤见表 1-1。

表 1-1　数控铣床的一般操作步骤

操作步骤	简要说明
1. 书写或编程	加工前应首先编制工件的加工程序,当工件加工程序较长且比较复杂时,最好不在机床上编程,而是采用编程机编程,这样可以避免占用机时,对于短程序,也应写在程序单上
2. 开机	一般是先开机床,再开系统,有的铣床上两者是互锁的,机床不通电就不能在 CRT 上显示信息
3. 回参考点	对于有增量控制系统(使用增量式位置检测元件)的机床,必须首先执行这一步,以建立机床各坐标的移动基准
4. 调试加工程序	根据程序的存储介质(纸带或磁带、磁盘),可以用纸带阅读机或盒式磁带机、编程机输入。若是简单程序,可直接采用键盘在 CNC 装置面板上输入;若程序非常简单,只加工 1 件,且程序没有保存的必要,可采用 MDI 方式,逐段输入,逐段加工。另外,程序中用到的工件原点、刀具参数、偏置量、各种补偿量在加工前也必须输入
5. 程序的编辑	输入的程序若需要修改,则要进行编辑操作。此时,将方式选择开关置于 EDIT 位置(编辑),利用编辑键进行增加、删除、更改。关于编辑方法可见相应的说明书
6. 机床锁住,运行程序	此步骤是对程序进行检查,若有错误,则需重新进行程序的编辑
7. 安装工件、找正、对刀	采用手动增量移动、连续移动或采用手摇移动机床,将起刀点对到程序的起始处,并对好刀具的基准
8. 启动坐标进给,进行连续加工	一般是采用存储器中的程序加工。这种方式比采用纸带上程序加工故障率低。加工中的进给速度可采用进给倍率开关调节。加工中可以按进给保持按钮"FEEDHOLD"暂停进给运动,以观察加工情况或进行手工测量。再按"CYCLESTART"按钮,即可恢复加工。为确保程序正确无误,加工前应再复查一遍。在铣削加工时,对于平面曲线工件,可采用铅笔代替刀具在纸上画工件轮廓,这样比较直观。若系统具有刀具轨迹模拟功能,则可用其检查程序的正确性
9. 操作显示	利用 CRT 的各个画面显示工作台或刀具的位置、程序和机床的状态,以使操作工人监视加工情况
10. 程序输出	加工结束后,若程序有保存的必要,可以留在 CNC 的内存中;若程序太长,可以把内存中的程序输出给外部设备(例如穿孔机),在穿孔纸带(或磁带、磁盘等)上加以保存
11. 关机	一般应先关闭系统,再关闭机床

1.2 数控机床的日常维护

1.2.1 数控机床日常维护保养相关知识

数控机床是机械加工制造的重要基础,综合应用了计算机技术、自动控制技术、自动检测技术、精密机械设计和制造等先进技术,是技术密集度及自动化程度都很高的、典型的机电一体化产品。数控机床与普通机床大不相同,具有零件加工精度高、生产效率高、产品质量稳定、自动化程度极高的特点,不仅能完成普通机床难以完成或根本不能完成的复杂曲面的零件加工,还可以减少工人的工作强度,提高生产的质量,是集合了先进的科学技术,提高企业竞争能力和生存能力的关键设备。数控机床的性能和技术水平对于产业的发展有着相当大的意义。在企业的日常生产工作中,数控机床能否正常并且准确地完成既定工作,不仅仅取决于数控机床的自身性能和操作人员的合理操作,还与数控机床的日常保养维护工作有关。数控机床的价格成本非常高,并且在制造加工工序中处于重要的关键地位,如果数控机床不能正常工作,就会影响生产,那么对企业造成的损失是非常严重的。因此,长期、高效、安全、稳定可靠的生产,对于企业经济效益的实现是必要的条件。那么,正确地使用和保养数控机床就成为一项保证企业正常生产的重要工作。综上所述,只有坚持做好对数控机床的日常维护保养工作,才可以延长元器件的使用寿命和机械部件的磨损周期,防止意外恶性事故的发生,确保机床稳定地工作;才能充分发挥数控机床的加工优势,达到数控机床的技术性能。因此,无论是数控机床的操作者,还是数控机床的维修人员,掌握数控机床的维护与保养都非常重要。

① 维护保养的意义。数控机床的使用寿命和故障率,不仅取决于机床的精度和性能,很大程度上也取决于其操作方式和维护。如果日常不注重对数控机床的保养和维护,那么在出现故障时,就很难达到迅速恢复正常生产和节约维修成本等目的。正确的使用能防止设备非正常磨损,避免突发故障,精心的维护可使设备保持良好的技术状态,延缓劣化进程,及时发现和消除隐患于未然,保证数控机床的良性工作状态,增加生产稳定性和安全性,争取长时间的稳定高效工作,保证企业的经济效益,实现企业的经营目标。因此,机床的正确使用与精心维护是贯彻设备管理以防为主的原则的重要环节。

② 维护保养的基本知识。数控机床具有集机械、电子、液压于一体,技术密集和知识密集的特点,因此,数控机床的维护人员不仅要具备机械加工工艺及液压、气动方面的知识,还要具备电子计算机、自动控制、驱动及测量技术等知识,这样才能全面了解、掌握数控机床,做好数控机床的维护保养工作。维护人员在维修前应详细阅读数控机床有关说明书,对数控机床有一个详细的了解。同时,由于数控机床自身具有较大的先进性和复杂性,其工作环境比普通机床要复杂得多,维修人员应坚持巡回检查,详细认真地统计好数控机床的日常工作情况,对于供电、压力、润滑等情况细致地处理与记录,并且做好清

洗、注油等日常工作,保证数控机床设备的正常运行。

1.2.2 数控机床维护保养的基本要求

① 数控机床的使用不仅要合理地选择工作场地,更要在使用过程中强化合理使用的意识,在思想上高度重视数控机床的维护与保养工作,尤其是数控机床的操作者更应如此,不能只管操作,而忽视对数控机床的日常维护保养。

② 提高操作人员的综合素质。数控机床的使用难度比普通机床要大,因为数控机床是典型的机电一体化产品,牵涉的知识面较宽,即操作者应具有机械、电子、液压等更宽广的专业知识。此外,由于其电气操控系统中的 CNC 系统升级、更新换代较快,操作者如果不定期参加专业理论培训学习,就不能熟练掌握新的 CNC 系统应用。为此,必须对数控操作人员进行培训,使其对机床原理、性能、润滑部位及其方式进行较系统的学习,为更好地使用机床奠定基础,为数控机床做好日常保养和维护提供专业的技术保障支持,更好地发挥数控机床的加工能力,同时在数控机床的使用与管理方面,应制订一系列切合实际、行之有效的措施。

③ 要为数控机床创造一个良好的使用环境。由于数控机床对工作场所的温度、湿度、气体等有着较高的要求,阳光的直接照射、潮湿、粉尘和振动等均可引起电子元器件腐蚀或造成元件间的短路,从而引起机床运行不正常,因此,在使用过程中,要做好数控机床的管理工作,制定合理的保养制度,使数控机床的使用环境保持清洁、干燥、恒温和无振动。对于电源,应保持稳压,一般只允许 ±10% 的波动。

④ 严格遵循正确的数控机床安全操作规程。无论什么类型的数控机床都有自己的操作规程,这不仅是保障人身和设备安全的需要,也是保证数控机床能够正常工作、达到技术性能、充分发挥其加工优势的需要。因此,在数控机床的使用和操作中必须严格遵循数控机床的安全操作规程,当数控机床在第一次使用或长期停用后使用时,应先使其空转几分钟,并要特别注意使用中开机、关机的顺序和其他注意事项。

⑤ 在使用中,要尽可能提高数控机床的开动率。数控机床购进后应尽快投入使用。因为设备在使用初期故障率相对大一些,如果它的开动率不高,不但使用户投入的资金不能起到生产的作用,而且在保修期内数控机床的薄弱环节若没有及时暴露出来,则很可能因过保修期而使设备发生故障时需要支付额外的维修费用。在缺少生产任务时,也不能使数控机床空闲不用,而是要定期通电,且每次空运行 1 h 左右,利用机床运行时的发热量来去除或降低机内的湿度。

⑥ 制定并且严格执行数控机床管理的规章制度。为保持数控机床完好的技术状态,使其充分发挥效用,除了对数控机床的日常维护外,还必须制定并且严格执行数控机床管理的规章制度,主要包括定人、定岗和定责任的"三定"制度,定期检查制度,规范的交接班制度也是数控机床管理、维护保养的主要内容。数控机床的日常保养见表 1-2。

表 1-2　数控机床的日常保养

序号	检查周期	检查部位	检查要求
1	每天	导轨润滑油箱	检查油量,及时添加润滑油,润滑泵是否定时启动、停止
2	每天	主轴润滑恒温油箱	是否正常工作,油量是否充足,温度范围是否合适
3	每天	机床液压系统	油箱油泵有无异常噪声,工作油是否合适,压力表指示是否正常,管路积分接头有无漏油
4	每天	压缩空气气源压力	气动控制系统的压力是否在正常范围内
5	每天	气源自动分水滤气器、自动空气干燥器	及时清理分水器中滤出的水分,检查自动空气干燥器是否正常工作
6	每天	气源转换器和增压器油面	油量是否充足,不足时应及时补充
7	每天	X,Y,Z 轴导轨面	清除金属屑和脏物、检查导轨面有无划伤和损坏、润滑是否充分
8	每天	液压平衡系统	平衡压力指示是否正常,快速移动时平衡阀是否工作正常
9	每天	各种防护装置	导轨、机床防护罩是否齐全,防护罩移动是否正常
10	每天	电器柜通风散热装置	各电器柜中散热风扇是否正常工作、风道滤网有无堵塞
11	每周	电器柜过滤器、滤网	过滤网、管网上是否沾附尘土,如有,应及时清理
12	不定期	冷却油箱	检查液面高度、及时添加冷却液;冷却液太脏时应及时更换和清洗箱体及过滤器
13	不定期	废液池	及时处理积存的废油,避免溢出
14	不定期	排屑器	经常清理切屑,检查有无卡住等现象
15	半年	检查传动皮带	按机床说明书的要求调整传动皮带的松紧程度
16	半年	各轴导轨上的镶条压紧轮	按机床说明书的要求调整镶条压紧轮松紧程度
17	一年	检查或更换直流伺服电机	检查换向器表面、去除毛刺、吹干净碳粉、及时更换磨损过短的碳刷
18	一年	液压油路	清洗溢流阀、液压阀、滤油器,油箱过滤或更换液压油
19	一年	主轴润滑、润滑油箱	清洗过滤器、油箱,更换润滑油
20	一年	润滑油泵、过滤器	清洗润滑油池
21	一年	滚珠丝杆	清洗滚珠丝杆上的润滑脂,添上新的润滑油

第2章 五轴加工中心（DMU 60）基本操作

2.1 机床简介

德马吉 DMU 60（见图 2-1）加工中心，工件一次装夹就可完成五面体的加工。若配以五轴联动的高档数控系统，还可以对复杂的空间曲面进行高精度加工，更能够适应像汽车零部件、飞机结构件等现代模具的加工。DMU 60 加工中心的回转轴有两种，其中一种是工作台回转轴，设置在床身上的工作台可以环绕 X 轴回转，定义为 B 轴，B 轴一般工作范围为 $-120° \sim 30°$；另一种是工作台的中间还设有一个回转台，在图示的位置上环绕 Z 轴回转，定义为 C 轴，C 轴都是 360° 回转。通过 B 轴与 C 轴的组合，固定在工作台上的工件除了底面之外，其余的 5 个面都可以由立式主轴进行加工。B 轴和 C 轴最小分度值一般为 0.001°，这样又可以把工件细分成任意角度，加工出倾斜面、倾斜孔等。B 轴和 C 轴如与 X，Y，Z 三直线轴实现联动，就可加工出复杂的空间曲面。

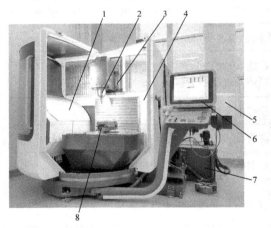

1—刀库；2—铣削头（见图 2-2）；3—主轴箱；
4—工作间；5—排屑器；6—操作台；
7—冷却润滑剂装置；8—数控回转工作台

图 2-1　德马吉 DMU 60

1—主轴箱；2—冷却润滑液喷嘴；
3—刀夹；4—主轴；5—空气喷嘴

图 2-2　铣削头

2.1.1 机床特点

德马吉 DMU 60 的特点有如下几点：

① 采用模化结构设计，可最大限度地适应各种加工工件形状、范围的变化，并且可满足不同用户的需求，高刚性的模化结构设计确保了其高刚性和高精度，可实现从简单零

件到复杂曲面的粗加工和精加工;模化结构设计的多种形式的工作台可满足和完成各种特殊的加工需求,并具有机床占地面积小,用户的投资更经济等特点。

② 加工中心 X,Y,Z 三轴采用精密级预紧的循环滚柱直线导轨,并采用精密刮研技术对其安装基面进行精密刮研,确保导轨具有较高的刚性和微米级的精度。

③ 加工中心的数控系统具有高功能、高可靠性的开放式 CNC(Computer Numerical Control,数控机床)。CNC 控制部分和液晶显示器集成一体,简化了硬件连接的接线,具有网络功能,实现了远程诊断的能力,让加工中心具有高精度、高效率的加工能力。

④ 加工技术避免了工件在复杂角度再次定位所需的多次调试装卡,不但节约了时间,而且极大地降低了误差,节约了安装工件就位所需的工装夹具等昂贵费用。它使机床能够加工复杂的零件,包括复杂表面上通常所需要的钻孔、型腔隐窝和锥度加工,这是采用其他方法不可能办到的。

⑤ 加工中心配置了适应高速加工的电主轴(见图 2-2),并配置了油、气润滑装置,使主轴最高转速达 42 000 r/min;主轴轴系温度控制采用了全封闭式循环冷却液恒温控制装置,可确保主轴轴系精度的稳定。

2.1.2　DMU 60 monoBLOCK 技术数据和特性

DMU 60 monoBLOCK 技术数据和特性见表 2-1。

表 2-1　DMU 60 技术数据和特性

序号	内容	技术指标	单位	数据
1	工作范围	X,Y,Z 轴	mm	730(630)/560/560
		最大快移和进给速度	r/min	30
		机床重量	kg	6 300
2	换刀机械手	刀柄		SK40
		刀库	类型	盘式
		刀库刀位数量	个	24
		屑-屑换刀时间	s	9
3	电主轴的主驱动机构	功率(40/100% DC)	kW	15/10
		最大扭矩(40/100% DC)	nm	130/87
		最大主轴转速	r/min	12 000
4	铣头	数控摆头铣头(B 轴)摆动范围	(°)	−120°~30°
		摆动时间	s	1.5
		快移速度	r/min	35
5	工作台(数控回转工作台集成在刚性工作台上)	回转工作台尺寸	mm	ϕ 600
		固定工作台尺寸	mm	1 000×600
		最大载重	kg	500
		最大快移和进给速度	r/min	40

2.1.3　数控系统

DMU 60 配置 Heidenhain 的 iTNC 530 控制系统。Heidenhain 的 iTNC 530 控制系统是适合铣床、加工中心或需要优化刀具轨迹控制加工过程的通用性控制系统。该系统的数据处理速度比以前的 TNC 系列产品快 8 倍，所配备的"快速以太网"通讯接口能以 100 Mbit/s 的速率传输程序数据，比 TNC 系列快 10 倍；新型程序编辑器具有大型程序编辑能力，可以快速插入和编辑信息程序段。在新系统中，该公司首次将 NC 主控计算机与驱动控制单元分开，并安装了英特尔处理器。针对模具加工的复杂曲面，如果要实现高速、高精和高表面质量加工，就必须具备好的硬件基础、良好的伺服性能及高速控制能力。Heidenhain iTNC 530 的主要特点是采用了速度更快的频率达 400 MHz 的 AMD 处理器，iTNC 530 所有的实时任务均在自己开发的实时操作系统（HEROS）下完成。

Heidenhain iTNC 530 程序段的处理时间是 0.5 ms。几何形状越复杂，公差要求越严格，点的密度将越大。用高速进给加工时，必须更快地处理相应的 NC 编码，以免发生所谓的数据饥饿而限制进给速度。当被处理的 NC 程序段的缓存中没有数据时，由于缺少定位指令，运动将停止或突变。HSM 的 CNC 的特点是程序段的处理时间要短到 1ms 甚至更短。iTNC 530 完全能胜任高速加工（HSM）要求的 CNC 系统。高速加工应用中的数控加工 NC 程序是在外部的 CAM（Computer Aided Manufacturing，计算机辅助制造）系统上生成的。通常，NC 程序只有几百千字节，但也常常有高达数百兆字节的程序。因此，HSM 使用的 CNC 系统的重要特点是，具有高速数据传输能力的快速以太网接口。以太网接口的传输速率是 100 Mbit/s，这是现今常规网络的标准速度。新型的 Heidenhain CNC 系统主机单元带有各类数据通信接口（Ethernet/RS232/RS422/USB 等），所配备的快速以太网通信接口能以 100 Mbit/s 的速率传输程序数据。

iTNC 530 系统采用限制加加速值并利用过滤器对加加速度进行了光滑处理。高速进给时，如果任何一个轴突然换向会导致过高加速度和加加速，将造成机床结构产生振动，通过 CNC 实现速度、加速度和加加速平滑方案是降低或消除该影响的好方法。Heidenhain iTNC 530 支持姊妹刀具的自动更换功能。若自动处理刀具磨损或断裂，则需要用同尺寸的铣刀进行更换，如果 CNC 支持该功能，操作人员就可加载多个相同铣刀的换刀装置，并将这些相同的铣刀标识为姊妹刀具以用于 NC 程序的调用。CNC 将自动用这些特定的姊妹刀具更换磨损或断裂的铣刀，继续完成 NC 程序。

Heidenhain iTNC 530 的"预读"功能为 256 行。所谓"预读"功能，即预先计算每一个程序段所应采用的正确速度和加速度，并生成速度和加速度配置方案以便满足编程的刀具路径要求。预先计算的信息被读入 CNC 系统内的缓存中，并按加工中的程序要求从缓存中调用。一旦缓存中没有数据，由于 CNC 系统的计算速度无法跟上进刀速度，机床将停止运动直到达到下一个预先计算行为止。这种问题被称为数据饥饿。现代 CNC 系统的程序段处理时间越来越短，为避免发生数据饥饿，需要数控系统预读的行数也越来越少。在强大硬件的支持下，iTNC 530 采用了全数字化驱动技术，其位置控制器、速度控制器和电流控制器全部实现数字控制。数字电机控制技术能获得非常高的进给速率，iTNC 530 在同时插补多达 5 轴时，还能使转速高达 40 000 r/min 的数控主轴达到要求的切削速度。

iTNC 530 系统的通用性好并适合五坐标控制,在需要优化刀具轨迹控制的情况下,其强大的控制能力可计算实际坐标系,因而简化了加工循环的编程。在脱线编制 3D 形状程序时,该系统可计算单台机床的几何结构,所以同一程序可用于不同的机床。

2.2　机床运行方式

2.2.1　屏幕界面

1. 屏幕界面布局

DMU 60 的屏幕显示如图 2-3 所示。

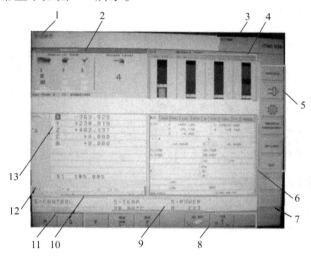

1—左侧标题行；2—授权运行状态；3—右侧标题行；4—主轴监控；5—垂直功能键；6—状态表格；7—用户文档资料；8—水平功能键；9—监控显示；10—显示零点；11—功能键层；12—显示零点；13—位置显示

图 2-3　DMU 60 的屏幕显示

屏幕界面布局说明见表 2-2。

表 2-2　屏幕界面布局说明

序号	名称	说　明
1	左侧标题行	显示当前选中的机床运行方式(手动操作、MDI、电子手轮、单段运行、自动运行、smarT. NC 等)
2	授权运行状态	显示当前机床的运行方式及 SmartKey 状态
3	右侧标题行	显示当前选中的程序运行方式(程序保存/编辑、程序测试等)
4	主轴监控	显示机床在当前的监控状态(主轴温度、震动、倍率等)
5	垂直功能键	显示机床功能
6	状态表格	表格概况:位置显示可达 5 个轴,刀具信息,正在启用的 M 功能,正在启用的坐标变换,正在启用的子程序,正在启用的程序循环,用 PGM CALL 调用的程序,当前的加工时间,正在启用的主程序名

续表

序号	名称	说　明
7	用户文档资料	在 TNC 引导下浏览
8	水平功能键	显示编程功能
9	监控显示	显示轴的功率和温度
10	工艺显示	显示刀具名,刀具轴,转速,进给、旋转方向和冷却润滑剂的信息
11	功能键层	显示功能键层的数量
12	显示零点	来自预设值表正启用的基准点编号
13	位置显示	可通过 MOD 模式键设置:IST(实际值)、REF(参考点)、SOLL(设定值)、RESTW(剩余行程)、RW-3D

2. 屏幕画面上的按键说明

——切换主副页面。

——加工模式和编程模式切换。

——在显示屏幕中选择功能的软键。

——切换软键行。

2.2.2　机床操作区

1. 机床操作区布局

机床操作区布局如图 2-4 所示。

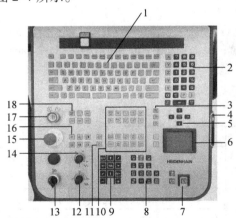

1—输入字母和符号的键盘;2—坐标轴和编号的输入及编辑键;3—smarT. NC 导航键;4—SmartKey,电气运行方式开关;5—箭头键和 GOTO 跳转指令键;6—触摸屏;7—进给停止、主轴停止、程序启动键;8—功能键;9—轴运动键;10—打开编程对话窗口区;11—编程运行方式键;12—进给倍率按钮;13—松刀旋钮;14—快移倍率按钮;15—急停按钮;16—机床操作模式键;17—系统电源开关;18—程序/文件管理功能键

图 2-4　机床操作区布局

2．操作区键详细说明

（1）输入字母和符号的键盘

在如图 2-5 所示的键盘可手动输入字母和符号。

图 2-5　输入字母和符号的键盘

（2）坐标轴和编号的输入和编辑键

X … **V**——选择坐标轴或将其输入程序中。

0 … **9**——编号。

·——小数点。

-/+——变换代数符号。

P——极坐标。

I——增量尺寸。

Q——Q 参数编程/Q 参数状态。

+——由计算器获取实际位置或值。

NO ENT——忽略对话提问、删除字。

ENT——确认输入项及继续对话。

END □——结束程序段，退出输入。

CE——清除数字输入或清除 TNC 出错信息。

DEL □——中断对话，删除程序块。

（3）箭头键和 GOTO 跳转指令键

↑　**↓**　**←**　**→**——移动高亮条到程序段、循环和参数功能上。

GOTO □——直接移动高亮条到程序段、循环和参数功能上。

（4）SmartKey

① 授权钥匙 TAG（见图 2-6）用来作为授权的钥匙和数据存储。

② 运行方式选择键：选择运行方式。

Ⅰ：在加工间关闭状态下的安全运行模式，可进行绝大多数操作，为系统默认状态。

Ⅱ：在加工间开启状态下运行的调整运行模式，系统限制主轴转速最高为 800 r/min，进给速度最大为 2 m/min。

Ⅲ：可在加工间开启状态下运行，与调整运行模式相同，系统限制主轴转速最高为 5 000 r/min，进给速度最大为 5 m/min。

ⅢⅠ：扩展的手工干预模式，可获得更大权限，需要特殊授权。

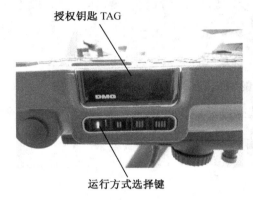

图 2-6　授权钥匙

（5）打开编程对话窗区

① 编程路径运动。

$\boxed{\begin{smallmatrix}\text{APPR}\\\text{DEP}\end{smallmatrix}}$——接近/离开轮廓。

$\boxed{\text{FK}}$——FK 自由轮廓编程。

$\boxed{}$——直线。

$\boxed{}$——极坐标圆心/极点。

$\boxed{}$——已知圆心的圆弧。

$\boxed{}$——已知半径的圆弧。

$\boxed{}$——相切圆弧。

$\boxed{}$——倒角。

$\boxed{}$——倒圆角。

② 刀具功能。

TOOL DEF——刀具定义。

TOOL CALL——刀具调用。

③ 循环、子程序。

CYCL DEF——循环定义。

CYCL CALL——循环调用。

LBL SET——子程序和循环的标记。

LBL CALL——子程序和循环的调用。

STOP——中断程序运行。

TOUCH PROBE——循环测头定义。

（6）smarT. NC 导航键

——选择下一个表格。

——前一个/下一个选择框架。

（7）程序/文件管理功能键

PGM MGT——程序管理,选择或删除程序和文件及外部数据传输。

PGM CALL——程序调用,定义程序调用并选择原点和点表。

MOD——MOD 功能键。

HELP——帮助功能键,显示 NC 出错的帮助信息。

ERR——错误功能键,显示当前全部出错信息。

CALC——计算器。

（8）机床操作模式键

——手动操作模式。

——电子手轮模式键。

——手动数据输入（MDI）模式。

——smart. NC。

——单段运行模式键。

▣——自动运行模式键。

（9）编程运行方式

▣——程序编辑。

◈——测试运行。

（10）轴运动键

→——*X* + 方向运行键。

←——*X* − 方向运行键。

↗——*Y* + 方向运行键。

↙——*Y* − 方向运行键。

↑——*Z* + 方向运行键。

↓——*Z* − 方向运行键。

−——*B* − 方向运行键。

+——*B* + 方向运行键。

IV+——*C* + 方向运行键。

IV−——*C* − 方向运行键。

（11）功能键

——主轴左转。

——主轴右转。

——主轴停转。

——主轴倍率升。

——主轴倍率 100% 。

——主轴倍率降。

——冷却液接通/关闭。

——内部冷却液接通/关闭。

——刀库右转。

—— 刀库左转。

—— 托盘放行。

—— 解锁加工间门。

—— FCT 或 FCT A 屏幕切换。

—— 放行刀夹具。

2.2.3　刀具表

刀具表显示页面如图2-7所示。

刀台　　　刀具长度　　　刀具半径

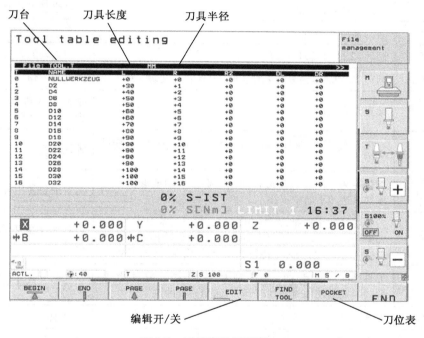

编辑开/关　　　　　　　　　　　　　　刀位表

图2-7　刀具表显示页面

在"刀具表" TOOL TABLE 中最多可以定义并保存999把刀及其刀具数据。

在机床运行方式中通过水平布置层1的功能键选择刀具表。进入刀具表后，选择编辑开，在所对应的刀号上移动光标可以建立刀具名、刀具长度、刀具半径、刀刃长度、刀具类型及刀尖角等参数。

1.标准刀具数据

标准刀具数据见表2-3。

表 2-3　标准刀具数据

缩写	输入	说明
T	在程序中调用刀具的编号	
NAME	在程序中调用的刀具名(最多 16 个字符,只用大写字母,没有空格)	刀具名称
L	刀具长度 L 补偿值	刀具长度
R	刀具半径 R 补偿值	刀具半径
R^2	盘铣刀半径 R^2(只用于三维圆弧修正或图形展示用圆弧铣刀加工)	刀具半径 R^2
DL	刀具长度 L 的差值	刀具长度正差值
DR	刀具半径 R 的差值	刀具半径正差值
DR2	刀具半径 R^2 的差值	刀具半径 R^2 正差值
LCUTS	循环 22 的刀具刀刃长度	沿刀具轴的刀刃长度
ANGLE	循环 22 和 208 往复切入加工时,刀具的最大切入角	最大切入角
TL	设置刀具锁定	是否刀具锁定? 是 = ENT/否 = NO ENT
RT	一把姊妹刀具编号(若有,则作为备用刀具),参见 TIME2	姊妹刀具
TIME1	以分钟为单位的刀具最长使用寿命。该功能取决于机床并在机床手册中描述	刀具最长使用寿命
TIME2	刀具最长使用寿命,在 TOOL CALL 以分钟为计量单位,如果当前使用时间达到或超过该值,TNC 数控系统在下一次 TOOL CALL 时将使用姊妹刀具(参见 CUR. TIME)	刀具调用的刀具最长使用寿命
CUR. TIME	刀具当前的使用时间,以分钟为计量单位;TNC 数控系统对当前的使用时间计时,输入已用刀具的预定值	当前刀具的使用寿命
DOC	刀具注释(最多 16 个字符)	刀具说明
PLC	传送给 PLC 的该刀具信息	PLC 状态
PLC VAL	传送给 PLC 的该刀具的值	PLC 的值
PTYP	评价刀具表中的刀具类型	刀位表中的刀具类型
NMAX	该刀的主轴转速限速。监视编程值(出错信息)并通过电位器提高轴的转速	禁用最高转速
LIFTOFF	用于确定 TNC 数控系统在停止时,是否沿刀具轴的正向退刀,以免在轮廓上留下刀痕。如果选择"Y",并在程序中用 M148 启用该功能,刀具从轮廓退出 0.1 mm(参见 M148)	退刀是/否
P1…P3	取决于机床的功能,传送一个值到 PLC。具体详见机床手册上的介绍	值

续表

缩写	输入	说明
KINE –	取决于机床的功能,运动学特性描述 MATIC 用于角度铣头,由 TNC 计算附加在正在启用的机床运动学特性上	附加的运动学特性描述
T – ANGLE	刀尖角。为了可以从直径输入中计算中心孔深度,应用了定中心循环(循环 240)	刀尖角
PITCH	刀具螺距(目前还没有功能)	螺距(刀具类型 TAP)
AFC	适配进给调节 AFC(自动进给速度监控)的设定,其在 AFC.TAB 表中确定。借助功能键 AFC 调节的调节策略	调节策略

2. 自动测量刀具所需的刀具数据

自动测量刀具所需的刀具数据见表 2-4。

表 2-4　自动测量刀具所需的刀具数据

缩写	输入	说明
CUT	刀具刀刃数量(最多 20 个)	刀刃数量
LTOL	用于磨损检查的刀具长度 L 的允差。如果超出输入值,TNC 将禁止使用该刀具(状态 L)。输入范围:0 ~ 0.999 9 mm	磨损允差:长度
RTOL	用于磨损检查的刀具半径 R 的允差。如果超出输入值,TNC 将禁止使用该刀具(状态 L)。输入范围:0 ~ 0.999 9 mm	磨损允差:半径
DIRECT.	用于刀具旋转过程中测量刀具的切削方向	切削方向
TT:R – OFFS	刀具半径测量:探针中心与刀具中心间的刀具偏移量。预设值:刀具半径 R(默认值)	刀具偏移量:半径
TT:L – OFFS	刀具长度测量:加到 MP6530 的刀具偏移量,是探针上平面与刀具下平面之间的刀具偏移量:长度? 距离。默认值为 0	
LBREAK	用于识别断刀的刀具长度 L 允差。如果超出输入值,TNC 将禁止使用该刀具。输入范围:0 ~ 0.999 9 mm	
RBREAK	用于识别断刀的刀具半径 R 允差。如果超出输入值,TNC 将禁止使用该刀具。输入范围:0 ~ 0.999 9 mm	

3. 自动计算速度/进给速率所需的刀具数据

自动计算速度/进给速率所需的刀具数据见表 2-5。

表 2-5　自动计算速度/进给速率所需的刀具数据

缩写	输入	说明
TYP	刀具类型(MILL 为铣削,DRILL 为钻孔或镗孔,TAP 为攻丝):功能键"赋予类型"(第 3 功能键栏),TNC 弹出一个窗口,在其中选择刀具类型	刀具类型
TMAT	刀具材料:功能键"赋予刀刃材料"(第 3 功能键栏),TNC 弹出一个窗口,在其中选择刀具材料	刀具材料
CDT	切削参数表:功能键"CDT 选择"(第 3 功能键栏),TNC 弹出一个窗口,在其中选择切削参数表	切削参数表名

2.3　机床操作

2.3.1　开关机

1. 开机

(1)初始化

将电气控制柜上的主开关 转到"ON"位置,测量系统供给电压,数控系统启动,内存自检 TNC 将开机,自动初始化,如图 2-8 所示。

图 2-8　开机初始化

(2)电源掉电

TNC 显示出错信息"电源中断",如图 2-9 所示,按"复位"按钮 CE 2 次,清除出错信息。

(3)解释 PLC 程序

自动编译 TNC 的 PLC 程序。

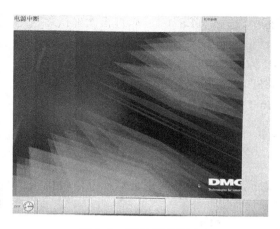

图 2-9 解释 PLC 程序

（4）外部直流电源故障检查

闭合外部直流电源，TNC 将检查急停按钮电路是否正常工作，出现如图 2-10 所示提示。释放急停按钮，按下电气电源按钮，系统正常启动。

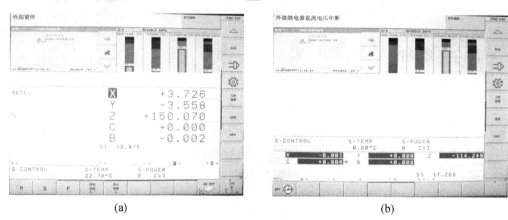

（a）　　　　　　　　　　　　　　（b）

图 2-10 外部直流电源故障检查

2. 关机

为了防止关机时发生数据丢失，需要用如下方法关闭操作系统：

① 当程序结束，主轴上没有刀具时，按下急停按钮使得所有驱动器关断、程序暂停，轴位置和刀具修正数据等被保存，数控系统和测量系统被供电。选择"手动操作"模式，进入如图 2-11 所示界面。在显示屏右下角点击数次 ▷，选择"第 4 功能键栏"，页面左下角出现标志。点击其对应的软键按钮，选择关机功能。

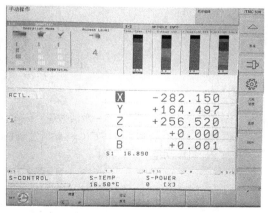

图 2-11 手动操作模式界面

② 在弹出的对话框中,选择"YES"(是)软键再次确认。

③ 当 TNC 弹出对话框显示"Now you can switch off the TNC"(现在可以关闭 TNC 系统了)字样时,可将 TNC 的电源切断。

④ 主开关扳到"OFF"位置,机床断开电源。

注意:不正确地关闭 TNC 系统将导致数据丢失。

2.3.2 基本操作

1. 手动操作

在"手动操作"模式下,可以用手动或增量运动来定位机床轴、设置工件原点及倾斜加工面。

① 选择"手动操作"模式 。

② 按住机床轴方向键(见图 2-12)直到轴移动到所需位置为止,或者连续移动轴(先按住机床轴方向键,然后按住机床"启动"(START)按钮,停止移动时按下"停止"(STOP)按钮)。

③ 在轴移动时,可以用"F"软键 或进给倍率修调按钮 改变进给倍率。

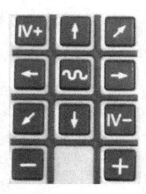

图 2-12　机床轴方向键

2. 电子手轮操作

电子手轮如图 2-13 所示。

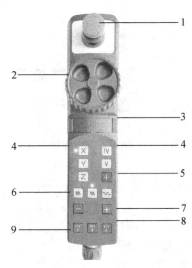

1—紧急停止;2—手轮;3—激活按钮;4—轴选择键;5—实际位置获取键;6—进给速度选择键(慢速、中速、快速);7—TNC 移动所选轴的方向;8—红色指示灯,表示所选的轴及进给速率;9—机床功能

图 2-13　电子手轮

单轴移动操作步骤:

① 选择"电子手轮"操作模式 。

② 选择屏幕右侧的"MACHINE",手轮 置于"ON"位置。

③ 按住"激活"按钮 （注:在加工间开启状态下使用）。

④ 选择轴,比如 *X* 轴 。

⑤ 选择进给速率 。

⑥ 在"＋""－"方向移动所选机床轴。

2.3.3　建立刀具表和刀位表

1. 建立刀具表

① 选择"手动操作"模式 。

② 选择刀具表 TOOL. T （见图 2-14 ）。

③ 将【EDIT】（编辑）软键 设置在"ON"（开启）位置。

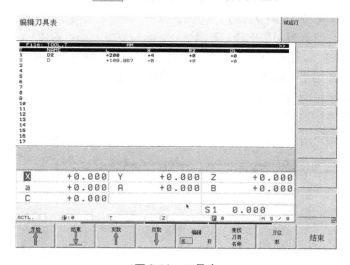

图 2-14　刀具表

④ 用光标键选择需要修改的值进行修改,如图 2-15 所示。

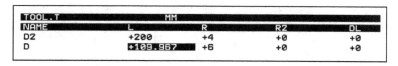

图 2-15　修改刀具数据

注意:在将软键切换到【EDIT OFF】（编辑关闭）或退出刀具表前,修改不生效。如果修改当前刀具的刀具数据,那么修改该刀的下个"TOOL CALL"后生效。

2. 建立刀位表

（1）刀位表基本参数

NAME(名称):用半角引号包围在 T 程序段中输入刀具名的列。

L,R,R2：定义刀具基本尺寸（长度、半径、地脚半径）。

DL,DR,DR2：在这些列中定义刀具磨损值（刀具实际变化）。

LCUTS：实际长度。

ANGLE：循环中刀具切入工件中的可能角度。

T-ANGLE：刀尖角是定心循环 240 的重要参数。

（2）编辑刀位表（见图 2-16）

刀位表主要用于刀库装刀。

① 选择机床操作模式 。

② 选择刀具表 TOOL.T 。

③ 选择刀位表 TOOL_P.TCH 。

④ 将【EDIT】（编辑）软键设置在"ON"（开启）位置 。

⑤ 用光标键选择需修改的刀具参数进行修改。

P：刀具在刀库中的刀槽（刀位）。

T：刀具表中的刀具号,用于定义刀具。

TNAME：如果在刀具表中输入了刀具名称,TNC 将自动创建名称。

ST：特殊刀具,用于机床制造商控制不同的加工过程。

F：必须回到原相同刀位的标识符。

L：锁定刀位的标识符。

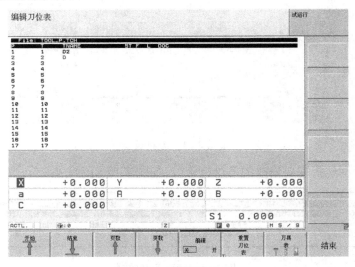

图 2-16　编辑刀位表

注意：在将软键切换到【EDIT OFF】（编辑关闭）或退出刀具表前,修改不生效。

2.3.4　程序管理

1. 文件管理

在目录（文件夹）中可以保存和组织文件,此目录可以建立最多6层的子目录。

一个目录总是通过文件夹符号和目录名标识（见图 2-17）。子目录是向右展开的。如果在文件夹符号前有一个三角形 ▽，则表示还有可以用【－】【／】【＋】或【ENT】进一步打开的子目录。在后续文件窗口将显示所有文件，其保存在所选择的目录中，如图 2-18 所示。

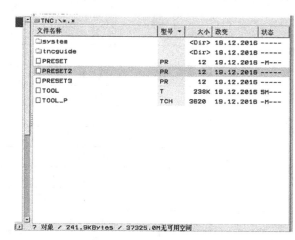

图 2-17　目录窗口　　　　　　　　　图 2-18　文件窗口

建立好的文件在状态显示中会显示文件的特性：

E——在运行方式"程序保存/编辑"中选中程序。

S——在运行方式"程序测试"中选中程序。

M——在程序运行方式中选中程序。

P——文件为防止删除并被修改而写保护。

＋——有其他相关文件。

2. 文件命名

数控程序、表和文本将作为文件保存在 TNC 硬盘上。一个文件名称由文件名和文件类型组成。

① 文件名应当不多于 25 个字符，否则将不能完整显示（见图 2-19）。文件名可达到一定长度，但不得超过 256 字符的最长路径长度。空格 ；* \ ""？< > 都不允许使用。

图 2-19　文件命名

② 文件类型。文件类型显示组成文件的格式（见表 2-6）。

表 2-6　文件类型

序号	内容		类型
1	程序	海德汉纯文本对话中	.h
		DIN/ISO	.i

续表

序号	内容		类型
2	smart. 数控程序	统一程序	. hu
		轮廓描述	. hc
		点表	. hp
3	表	刀具	. t
		换刀装置	. tch
		托盘	. p
		零点	. d
		点	. pnt
		Presets（基准点）	. pr
		切削参数	. cdt
		刀具、工件材料	. tab
		相关数据（如分段点）	. dep
4	文本	ASCII 文件	. a/. txt
		帮助文件	. chm
5	图纸文件	ASCII 文件	. dxf

3．新建目录

① 在"程序保存/编辑"运行方式下，点击面板左上角的 ![PGM MGT] 图标，进入文件管理界面，如图 2-20 所示。

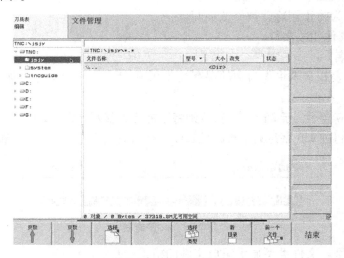

图 2-20   文件管理界面

② 在界面左侧的目录树中，在所在文件夹中建立新的文件夹，用箭头方向键移动到驱动器下或根目录中的文件夹中。比如在 TNC 文件夹下建立名为"jsjy"的文件夹，用箭头方向键将光标移动到 TNC 驱动器上，然后按界面下方的"新目录"软键，弹出如图 2-21 所示对话框。

　　继续在新文件下建立文件夹的方法同步骤②。如在"jsjy"文件夹下建"01.h"文件，点击"新文件"软键弹出如图 2-22 所示对话框。

图 2-21　建立新目录

图 2-22　建立新文件

　　注意：必须添上文件类型后缀,提示所建文件选择的单位是米制或公制,默认是米制（MM）。选择好后按回车键确认,进入文件编辑界面,如图 2-23 所示。

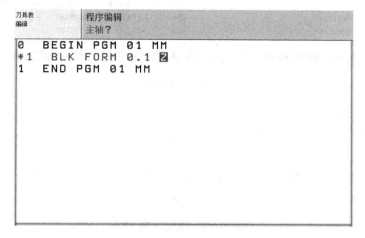

图 2-23　程序编辑界面

　　可以在图 2-23 所示界面编写程序。点击 PGM MGT 图标返回查看文件夹：在文件夹"jsjy"下产生了新文件"01.h",如图 2-24 所示。

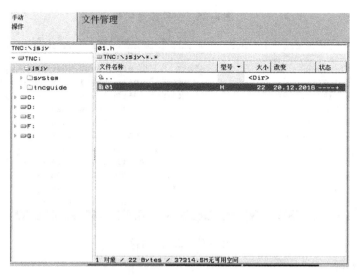

图 2-24　新文件夹所在的目录

4. 文件操作

文件操作主要包括文件重命名、文件删除、文件复制,如图 2-25 所示。

```
02.h
🖵TNC:\tncguide\de\*.*
文件名称              型号 ▼  大小  改变        状态
🔼..                      <Dir>
☐readme            A      530  16.07.2008 -----
⬡BHBIso            CHM   8818k 18.11.2008 -----
⬡BHBKlartext       CHM   9618k 18.11.2008 -----
⬡BHBpgmstation     CHM    314k 14.10.2008 -----
⬡BHBSmart          CHM  11007k 13.10.2008 -----
⬡BHBtchprobe       CHM   3623k 18.11.2008 -----
⬡errors            CHM    553k 29.10.2008 -----
⬡FAQ               CHM   81712 16.07.2008 -----
⬡main              CHM   34237 06.11.2008 -----
📄01                H        58 20.12.2016 ----+
📄02                H        58 20.12.2016 --E-+
```

图 2-25　文件操作

(1)文件重命名

① 用方向箭头移动光标选择待重命名的文件。

② 按下"重命名"软键 。

③ 在弹出的"重新命名文件"对话框中输入目标文件名"jsjy02. h"(见图 2-26)。检查无误后按下确认键 ,该文件被重新命名(见图 2-27)。

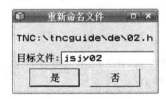

图 2-26　文件重命名

```
文件名称              型号 ▼  大小  改变        状态
🔼..                      <Dir>
☐readme            A      530  16.07.2008 -----
⬡BHBIso            CHM   8818k 18.11.2008 -----
⬡BHBKlartext       CHM   9618k 18.11.2008 -----
⬡BHBpgmstation     CHM    314k 14.10.2008 -----
⬡BHBSmart          CHM  11007k 13.10.2008 -----
⬡BHBtchprobe       CHM   3623k 18.11.2008 -----
⬡errors            CHM    553k 29.10.2008 -----
⬡FAQ               CHM   81712 16.07.2008 -----
⬡main              CHM   34237 06.11.2008 -----
☐02.h.SEC          DEP    1562 20.12.2016 -----
📄01                H        58 20.12.2016 ----+
📄jsjy02            H        58 20.12.2016 -----
```

图 2-27　文件新名称

(2)文件删除

① 用方向箭头移动光标选择待删除的文件或文件夹,比如删除文件夹"02",如图

2-28所示。

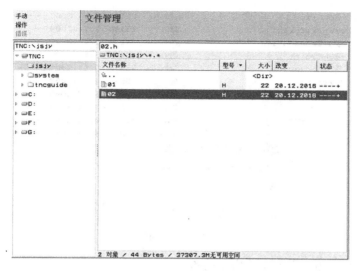

图 2-28　要删除的文件

② 切换功能键层,按下"删除"软键 。系统提示"是否删除文件夹里所有文件及其子文件夹?",若检查无误后按下"是"按钮即删除该文件夹(见图2-29)。

删除后原来的文件夹"02"不存在,如图 2-30 所示。

图 2-29　删除文件　　　　　　　　　　　　**图 2-30　文件删除后**

（3）文件复制

① 用方向箭头移动光标选择待复制的文件,例如,将 USB 中目录下的"js. h"文件复制到"TNC"目录下的文件夹"jsjy"中,如图 2-31 所示。

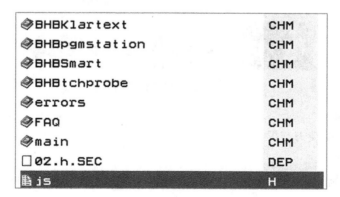

图 2-31　待复制的文件

② 切换功能键层,按下"复制"软键,弹出复制对话框(见图2-32)。

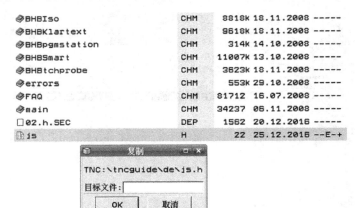

图 2-32　复制对话框

③ 点击屏幕下方"目录树"软键(见图2-33)。

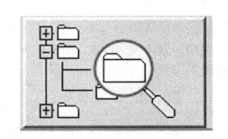

图 2-33　"目录树"软键

④ 用方向箭头选择目标文件的文件夹,确认后"js. h"文件被复制到文件夹"jsjy"目录下;复制操作完成后移除 USB 盘。将光标移动至 USB 驱动器(见图2-34)图标上,切换下方功能键层,按"更多功能"软键,出现 USB 移除标识,按下"确定"按钮后即可移除 USB。

图 2-34　USB 驱动器

5. 装卸刀具

(1) 从刀库中装刀与拆刀

① 装刀。

a. 按 [图] 选择手动方式,进入"刀具"列表 [图];点击"编辑　开" [图];

b. 开始建立 6 号刀具参数,如图 2-35 所示。

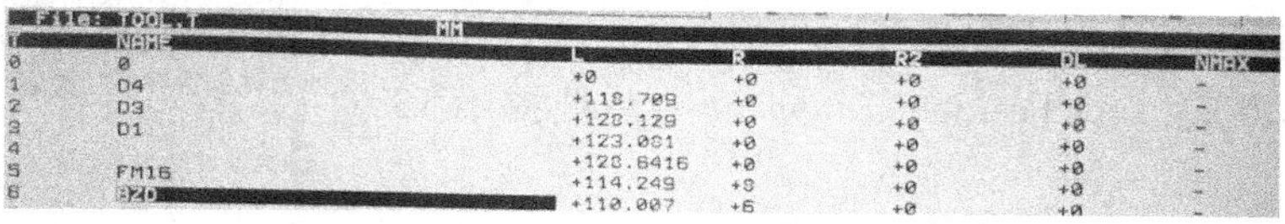

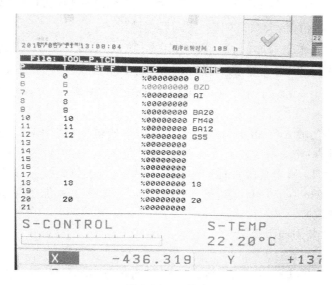

图 2-35　刀具参数

c. 设定完毕,点击面板上的"结束"按钮 ;在手动方式 下进入刀具表,再进入刀位表 ,将光标移动到刚才所建的刀号上(见图 2-36)。

图 2-36　刀位表

d. 点击面板右侧的"Tool Store"刀具存储按钮,进入如图 2-37 所示界面选择刀位。

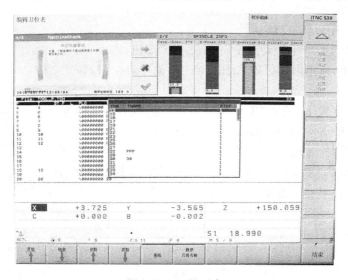

图 2-37　刀具列表

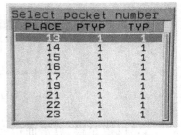

选择刀具位置的方式有两种：

● 自动方式：Tool Position Automatic→系统提示13号位置。

● 手动方式：手动输入用户所需要的位置后，按下【ENT】键确认。

图 2-38　手动装刀示意

e. 手动选择刀具位置 ，出现如图 2-38 所示界面，用光标选择相应的刀位。

f. 按下"刀具插入的"按钮 ，完成后按下【END】键 ；将刀具装入 13 号刀具位置（注意刀具装入的位置，大缺口朝里，按入后稍稍旋转）。

g. 装刀结束后，关上刀库门；在 MDI 方式下，输入"Tool Call 13 z"（修改用光标移动，输入相应的值），按下【END】键 ，循环启动；在手动方式下点动 X, Y 轴，在 MDI 方式下，设定 $S = 2\,000$，$M = 03$，启动，刀具在主轴上旋转。主轴停止，刀具安装完毕。

② 拆刀。

在 MDI 方式下，输入"Call Tool 0 z"适当调低进给倍率后，按下"启动"按钮；在手动方式下，进入刀具表；将光标移动到 6 号刀具参数位置，点击右侧的"Tool Remove"按钮；系统界面自动产生 13 号刀具位置；打开刀库门，从 13 号工位处拔掉刀具，然后关上门；在系统界面右侧"Delete Tool-Data"选择"no"或"yes"（选择"no"保留原有刀具参数，选择"yes"删除刀具参数）。

（2）从主轴中装刀与拆刀

① 装刀。

a. 在手动方式下，进入刀具表，将光标移动到 6 号刀具位置处；编辑开启，建立刀具参数；输入完毕，编辑关闭，结束。

b. 在 MDI 方式下，输入"Tool Call 6 z"后，按下【END】键结束。

c. 循环启动，系统显示"Change tools"，点击门开关按钮。

d. 打开机床门，点击"确认换刀"按钮。

e. 手持刀柄，另一手手动点击"刀具松夹"按钮，将刀具装入主轴。

f. 将门关闭，点击"门关闭"按钮。点击"循环启动"按钮。

② 拆刀。

a. 在 MDI 方式下，输入"Tool Call 0 z"后启动；点击界面右侧"Remove Tool from Spindle"；打开机床门，点击"确认拆刀"按钮。

b. 一手握住刀柄，另一手点击"刀具松夹"按钮，从主轴上拔下刀具；关闭机床门，点击"门关闭"按钮。

c. 点击"循环启动"按钮。

6. 对刀

用标准刀对刀长，取出对刀仪，放在工作台面上，

图 2-39　对刀仪

如图 2-39 所示。

装入标准刀（见图 2-40），建立刀具表（设置刀位表 6 号，刀具长度为 110.007 mm）。

刀柄上
缺口位置

图 2-40　装刀入库

① 调用标准刀（见图 2-41）。

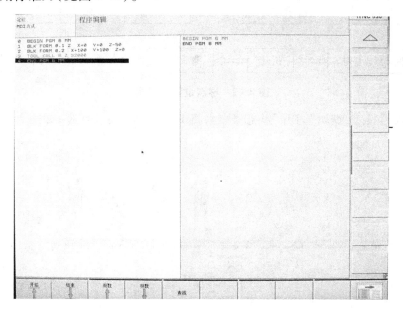

图 2-41　调用工具

② 取下手轮，机床软键手轮方式选择"打开"，如图 2-42 所示。

③ SmarTKey 设置处于方式 II，如图 2-43 所示。

④ 打开机床防护门 ⬇，通过手轮将标准刀压住对刀仪上表面，使其指针旋转一圈至 0 处（见图 2-44）。

图 2-42　手轮选择

图 2-43　机床状态选择

图 2-44　设置基准位置

⑤ 打开预设表,改变预设值,将当前点设为零点,然后启用预设值,如图 2-45 所示。

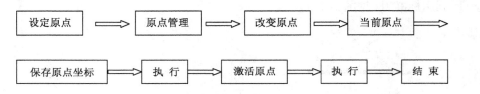

图 2-45　零点设置程序图

⑥ 进入刀具表,编辑"打开"状态 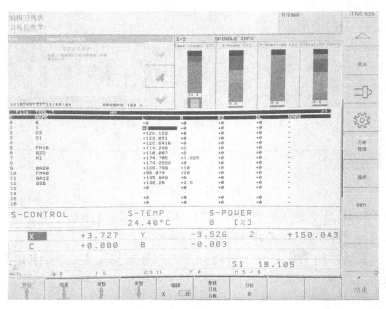 ,将 1 号刀具的刀长清零,如图 2-46 所示。

图 2-46　刀具表设置

⑦ 调用 1 号刀具（见图 2-47）。

```
0   BEGIN PGM 02 MM
1   BLK FORM 0.1 Z  X+0   Y+0   Z-50
2   BLK FORM 0.2   X+100  Y+100  Z+0
3   TOOL CALL 1
4   END PGM 02 MM
```

图 2-47 刀具调用

⑧ 用电子手轮将 1 号刀具压住对刀仪上表面，使其指针旋转一圈至 0 处（见图 2-48）。

记下此时 TNC 显示的 Z 轴的位置 +114.249（见图 2-49）。

图 2-48 被测刀移动至基准位置

X	−436.319
Y	+137.255
Z	+114.249
C	+0.000
B	+0.000
S1 17.075	

图 2-49 刀长

⑨ 打开刀具表，找到 1 号刀具，对参数进行编辑，如图 2-50 所示。

File: TOOL.T	MM			
T	NAME	L	R	R2	DL
1	1	+0	+4	+0	+0
2	D	+109.967	+6	+0	+0
3					
4	D4	+115	+4	+1	+0
—					

图 2-50 参数编辑

⑩ 将 1 号刀具的长度 L 设为 +114.249，如图 2-51 所示。

File: TOOL.T	MM			
T	NAME	L	R	R2	DL
1	1	+114.249	+4	+0	+0
2	D	+109.967	+6	+0	+0
3					
4	D4	+115	+4	+1	+0
5					
6					

图 2-51 刀长设置

2.4 加工编程

2.4.1 创建与编写程序

图 2-52 所示为程序段的构成元素。

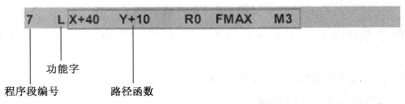

图 2-52 程序段

图 2-53 所示为工件 1 的几何尺寸示意,表 2-7 是加工工件 1 的完整程序。

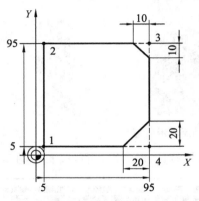

图 2-53 工件 1

表 2-7 工件 1 程序

序号	程序	说明
0	BEGIN PGM LINEAR MM	
1	BLK FROM 0.1 Z X +0 Y +0 Z −20	为工件的仿真图形定义毛坯形状
2	BLK FROM 0.2 X +100 Y +100 Z +0	
3	TOOL DEF 1 L +0 R +10	定义程序中的刀具
4	TOOL CALL 1 Z S4000	在主轴轴上调用刀具,主轴速度 S
5	L Z +250 R0 FMAX	沿着主轴轴向,以 FMAX 快速退出刀具
6	L X −10 Y −10 R0 FMAX	预置刀具
7	L Z −5 R0 F1000 M3	以进给速度 $F = 1\,000$ mm/min 移到加工深度上
8	APPR LT X +5 Y +5 LEN10 RL F300	在一条相切连接的直线上切入轮廓点 1
9	L Y +95	移动到点 2
10	L X +95	点 3:角 3 用的第一条直线

续表

序号	程序	说明
11	CHF 10	用长度 10 mm 编程倒角
12	L Y +5	点 4：角 3 用的第二条直线，角 4 用的第一条直线
13	CHF 20	用长度 20 mm 编程倒角
14	L X +5	移到上一个轮廓点 1，角 4 用的第一条直线
15	DEP LT LEN10 F1000	以一条相切连接的直线切出轮廓
16	L Z +250 R0 FMAX M2	沿刀具的轴向退出，结束程序
17	END PGM LINEAR MM	

程序包含以下信息：

程序的第一个程序段标记为"BEGIN PGM"，包含了程序名和当前尺寸单位、定义毛坯、刀具定义，刀具调用、进给速率，主轴转速、路径轮廓，循环及其他功能。程序的最后一个程序段标记为"END PGM"，包含程序名和当前尺寸单位。

1. 定义毛坯形状

一旦初始化新程序，就可立即定义一个工件毛坯。如果想稍后定义毛坯，可按下"BLK FORM"（毛坯形状）软键。定义工件毛坯主要为了满足 TNC 的图形模拟功能。工件毛坯的边与 X,Y 和 Z 轴平行，最大长度为 100 000 mm。

毛坯形状由它的两个角点来确定。MIN（最小）点：毛坯形状的 X,Y 和 Z 轴最小坐标值，用绝对量输入；MAX（最大）点：毛坯形状的 X,Y 和 Z 轴最大坐标值，按绝对或增量值输入。

2. 创建新零件程序

必须在程序编辑操作模式下创建零件程序。

零件程序创建举例：

① 选择程序编辑操作模式 ◆。

② 调用文件管理器，按下【PGM MGT】键 █。

③ 选择用于保存新程序的目录：

a. 文件名命名为"DLD. H"。

b. 输入新程序名并用【ENT】键确认。

c. 选择尺寸单位，按【MM】或【INCH】键。TNC 切换屏幕布局并开始定义 BLK FROM（毛坯形状）的对话：

- 工作主轴为 $X/Y/Z$？
  输入主轴的坐标轴。

- 定义毛坯形状：最小角点？
  依次输入最小点的 X,Y 和 Z 坐标（0，0，-40）。

- 定义毛坯形状：最大角点？
  依次输入最大点的 X,Y 和 Z 坐标（100，100，0）。

2.4.2 输入刀具相关数据

1. 进给速率 F

进给速率 F 是指刀具中心运动（单位：mm/min）。每个机床轴的最大进给速率可以各不相同，并能通过机床进行参数设置。

（1）输入

进给速率可以在 TOOL CALL（刀具调用）程序段中输入，也可以在每个定位程序段中输入。

（2）快速移动

要快速移动机床，可在编程时输入"FMAX"。当 TNC 屏幕显示对话提问"FEED RATE F = ?"（进给速率 F = ?）时，按下【ENT】或【FMAX】软键可实现快速移动。

要快速移动机床，也可以使用相应的数值编程，如 F 30000。与 FMAX 不同，数值编程不仅对当前程序段有效，而且适用于所有后续程序段。

（3）有效范围

数值输入的进给速率持续有效，直到执行不同进给速率的程序段为止。FMAX 仅在所编程序段内有效。执行完 FMAX 的程序段后，进给速率将恢复到以数值形式输入的最后一个进给速率。

程序运行期间改变，可以用进给速率倍率调节旋钮调整进给速率。

2. 主轴转速 S

TOOL CALL（刀具调用）程序段中，用转/分（r/min）输入主轴转速 S。在零件程序中，要改变主轴转速只能通过在"TOOL CALL"（刀具调用）程序段中输入主轴转速的方法实现。编写刀具调用程序时，按下【TOOL CALL】键，使用【NO ENT】（不输入）键，忽略"Tool number"（刀具编号）对话提问。

用【NO ENT】（不输入）键忽略"Working spindle axis X/Y/Z"（工作主轴的坐标轴 X/Y/Z）提问，显示"Spindle speed S ="（主轴转速 S =）对话提问时，输入新的主轴转速并按【END】键确认。

程序运行期间改变，可以用主轴转速倍率调节旋钮调整主轴转速。

刀具补偿通常用工具图纸标注的尺寸来编辑路径轮廓的坐标。要使 TNC 能计算刀具中心的路径，即刀具补偿，还必须输入每把刀具的长度和半径。

在零件程序中，可以用【TOOL DEF】（刀具定义）直接输入刀具数据，也可以将刀具数据输入单独的刀具表中。在刀具表中，还可以输入待定的刀具附加信息。执行零件程序时，TNC 将考虑所输入的有关刀具的全部相关数据。

S/F 示意如图 2-54 所示。

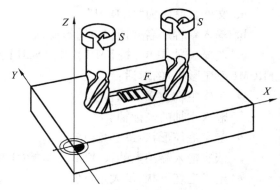

图 2-54 S/F 示意

3. 刀具编号与刀具名称

每把刀都有一个 0～254 之间的标识号（见图 2-55）。如果使用刀具表,编号的取值范围可以更大,而且还可以为每把刀输入刀具名称。刀具名称最多可由 32 个字符组成。刀具编号 0 被自动定义为标准刀具,其长度 $L = 0$,半径 $R = 0$。在刀具表中,刀具 T0 也被定义为 $L = 0$ 和 $R = 0$。

（1）刀具长度 L（见图 2-56）

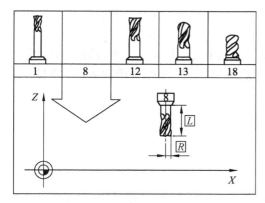

图 2-55　刀具编号及参数

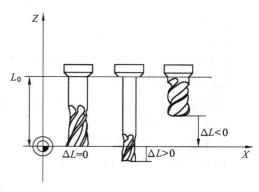

图 2-56　刀具长度

刀具长度 L 与标准刀具长度 L_0 之差 ΔL。

$L > L_0 : \Delta L > 0$,刀具比标准刀具长；$L < L_0 : \Delta L < 0$,刀具比标准刀具短。

（2）确定长度

确定刀具长度的步骤如下:

① 将标准刀具移至刀具轴的参考位置（即工件表面 $Z = 0$ 处）。

② 将刀具轴的原点设为"0"（原点位置）。

③ 插入所需刀具。

④ 将刀具移至与标准刀相同的参考位置处。

⑤ TNC 显示当前刀具与标准刀具之差。

⑥ 按下【实际位置获取】键,将值输入"TOOL DEF"（刀具定义）程序段或刀具表中。

（3）刀具半径 R

在程序中输入刀具数据,可在零件程序的"TOOL DEF"（刀具定义）程序段中定义刀具的编号、长度和半径。

选择刀具定义时按下【TOOL DEF】（刀具定义）键。

在编程对话中,通过按下所需轴的软键可以将刀具长度值和半径值直接传到输入行中。

举例:

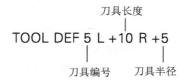

刀具编号：每把刀都以刀具编号作为其唯一标识。

刀具长度：刀具长度的补偿值。

刀具半径：刀具半径的补偿值。

4. 刀具补偿

TNC 将按刀具长度的补偿值在刀具轴上调整主轴路径，在加工面上补偿刀具半径。如果直接在 TNC 上编写零件程序，对刀具半径的补偿仅对加工面有效。

一旦调用了刀具且开始移动刀具轴时，刀具长度补偿会自动生效。要取消长度补偿，用长度"$L = 0$"调用刀具。

如果用"TOOL CALL 0"（刀具调用 0）取消正长度补偿，刀具与工件间的距离将缩短。"TOOL CALL"（刀具调用）后，刀具在刀具轴上的路径（如零件程序所输入的）将按上一把刀的长度和新刀具长度之差进行调整。

编程刀具运动的 NC 程序段包括以下几种：

① 半径补偿 RL 或 RR。

② 单轴运动的半径补偿 R + 或 R。

③ 如果没有半径补偿，为 R0。

④ 一旦调用刀具并用 RL 或 RR 在工作面上用直线程序段移动刀具，半径补偿将自动生效。

在以下情况中，TNC 将自动取消半径补偿：

① 以 R0 编写直线程序段的程序。

② 用 DEP 功能使刀具离开轮廓。

③ 编写 PGM CALL（程序调用）程序。

④ 用 PGM MGT 选择新程序。

2.4.3 轮廓加工编程

1. 路径功能

工件轮廓通常由多个元素构成，如直线和圆弧等。用路径功能（见表 2-8）可对刀具的直线运动和圆弧运动编程。

表 2-8 路径功能概述

功能	路径功能键	刀具运动	必输入项
直线 L		直线	直线终点的坐标
倒角 CHF		两条直线间的倒角	倒角边长
圆心 CC		无	圆心或极点的坐标
圆 C		以 CC 为圆心至圆弧终点的圆弧	圆弧终点坐标，旋转方向
圆弧 CR		已知半径的圆弧	圆弧终点坐标、圆弧半径和旋转方向

功能	路径功能键	刀具运动	必输入项
圆弧 CT		相切连接上一个和下一个轮廓元素的圆弧	圆弧终点坐标
倒圆角 RND		相切连接上一个和下一个轮廓元素的圆弧	倒圆半径 R
FK 自由轮廓元素	FK	连接任意前一个轮廓元素的直线或圆弧路径	

2. 工件加工的刀具运动编程

按顺序对各轮廓元素用路径编程功能编写程序，以此创建零件程序。这种编程方法通常是按工件图纸要求输入各轮廓元素终点的坐标。

TNC 根据刀具数据和半径补偿自动计算刀具的实际走刀轨迹。

（1）在某一方向上运动

程序段中仅有 1 个坐标。TNC 将沿平行于编程机床轴的方向移动刀具。根据机床的不同，零件程序可能移动刀具或者固定工件的机床工作台。不管怎样，路径编程时只需假定刀具运动，工件固定。

举例：

　　L X +100

　　L　直线路径功能

　　X +100　终点坐标

刀具保持 Y 和 Z 坐标不动，X 轴移至 $X = 100$ 位置，如图 2-57 所示。

（2）在主平面上运动

程序段有 2 个坐标。TNC 将在编程平面上移动刀具。

举例：

　　L X +70 Y +50

刀具保持 Z 坐标不动，在 XY 平面上移到 $X = 70$，$Y = 50$ 位置（见图 2-58）。

（3）三维运动

程序段有 3 个坐标。TNC 在空间中将刀具移到编程位置。

举例：

　　L X +80 Y +0 Z −10（见图 2-59）

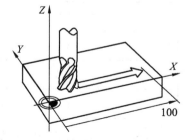

图 2-57　X 方向移动示意

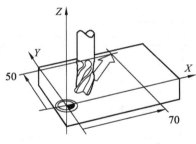

图 2-58　平面移动示意

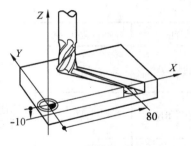

图 2-59　三维运动示意

（4）输入 3 个以上坐标

TNC 可同时控制 5 轴联动（软件选装）。用 5 个轴联动加工，例如，同时运动 3 个线性轴和 2 个旋转轴。

这种程序十分复杂，很难在机床上编程，一般由 CAD 系统创建。

举例：

　　L X +20 Y +10 Z +2 A +15 C +6 R0 F100 M3

（5）圆与圆弧

TNC 在相对工件圆弧路径上同时移动两个轴。输入圆心 CC 来定义圆弧运动。

对圆编程时，数控系统将其指定在一个主平面中。在 TOOL CALL（刀具调用）中设置主轴时将自动定义该平面，见表 2-9。

表 2-9　主轴主平面

主轴坐标轴	主平面
Z	XY 及 UV, XV, UY
Y	ZX 及 WU, ZU, WX
X	YZ 及 VW, YX, VZ

（6）圆弧运动的旋转方向 DR

如果圆弧路径不是沿切线过渡到另一轮廓元素上，则输入圆弧方向 DR。顺时针圆弧：DR －；逆时针圆弧：DR ＋。圆弧运动示意如图 2-60 所示。

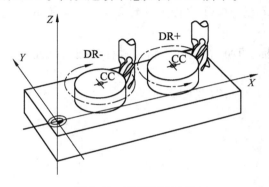

图 2-60　圆弧运动示意

系统编程代码缩写的含义见表 2-10。

表 2-10　缩写的含义

缩写	含义
APPR	接近
DEP	离开
L	线段
C	圆
T	相切（平滑过渡）
N	垂直

　　由【APPR/DER】键启动接近"APPR"与离开"DEP"轮廓功能。用相应软键选择所需的路径功能。APPR 和 DEP 功能见表 2-11。

表 2-11　APPR 和 DEP 的功能

图标		功　能
APPR 接近	DEP 离开	
APPR LT	DEP LT	相切直线
APPR LN	DEP LN	垂直于轮廓点的直线
APPR CT	DEP CT	相切圆弧
APPR LCT	DEP LCT	相切轮廓的圆弧。沿切线接近和离开轮廓外的辅助点

3．接近与离开轮廓的路径类型

（1）沿相切直线接近（APPR LT）
APPR LT 示意如图 2-61 所示。

（2）沿相切圆弧接近（APPR CT）

刀具由起点 P_S 沿直线移动到辅助点 P_H。然后,沿相切于第一轮廓元素的圆弧移动到第一个轮廓点 P_A,如图 2-62 所示。

P_H 到 P_A 的圆弧由半径 R 与圆心角 CCA 确定。圆弧方向由第一轮廓元素的刀具路径自动计算得到。

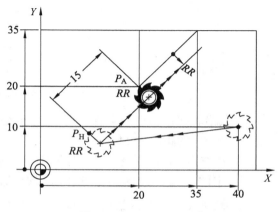

图 2-61　APPR LT 示意

沿相切圆弧接近的步骤如下：

① 用任一路径功能接近起点 P_S。

② 用【APPR/DEP】键和【APPR CT】软键启动对话。

③ 确定第一轮廓点 P_A 坐标。

④ 确定圆弧半径 R。

NC 程序段举例：

7 L X +40 Y +10 R0 FMAX M3

8 APPR CT X +10 Y +20 Z –
　10 CCA180 R +10 RR F100

9 L X +20 Y +35

10 L...

无半径补偿接近 P_S

P_A 及半径补偿 RR，半径 $R = 10$

第一轮廓元素终点

下一轮廓元素

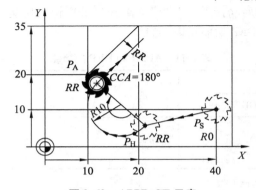

图 2-62　APPR CT 示意

（3）沿相切直线离开（DEP LT）

DEP LT 示意如图 2-63 所示。

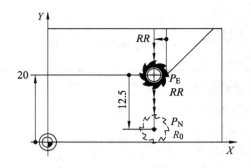

图 2-63　DEP LT 示意

刀具沿直线由最后一个轮廓点 P_E 移至终点 P_N。直线在最后一个轮廓元素的延长线上。P_N 与 P_E 的距离为 LEN。

① 用终点 P_E 和半径补偿编写最后一个轮廓元素的程序。

② 用【APPR/DEP】键和【DEP LT】软键启动对话：

▶ LEN：输入最后一个轮廓元素 P_E 到终点 P_N 的距离。

设定 LT 参数的 NC 程序段举例：

23 L Y +20 RR F100　　　　　最后一个轮廓元素：P_E 及半径补偿

24 DEP LT LEN12.5 F100　　　用 LEN = 12.5 mm 离开轮廓

25 L Z +100 FMAX M2　　　　沿 Z 轴退刀，返回程序段 1，结束程序

2.4.4　编程举例

直线轨迹示例如图 2-64 所示。

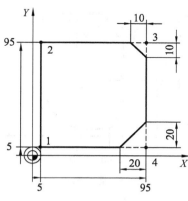

图 2-64　直线轨迹示例

直线轨迹示例程序如下：

0 BEGIN PGM LINEAR MM

1 BLK FORM 0.1 Z X +0 Y +0 Z −20　　　定义毛坯形状用于工件图形模拟

2 BLK FORM 0.2 X +100 Y +100 Z +0

3 TOOL DEF 1 L +0 R +10　　　定义程序中所用刀具

4 TOOL CALL 1 Z S4000　　　在主轴坐标轴方向上调用刀具并设
　　　　　　　　　　　　　置主轴转速 S

5 L Z +250 R0 FMAX　　　在主轴坐标轴方向上以快速移动速
　　　　　　　　　　　度 FMAX 方式退刀

6 L X −10 Y −10 R0 FMAX　　　预定位刀具

7 L Z −5 R0 F1000 M3　　　以进给速率 F = 1 000 mm/min 移至
　　　　　　　　　　加工深度

8 APPR LT X +5 X +5 LEN10 RL F300　　　沿相切直线在点 1 处接近轮廓

9 L Y +95　　　移至点 2

10 L X +95　　　点 3：角 3 的第一条直线

11 CHF 10　　　倒角编程，长度为 10 mm

12 L Y +5　　　点 4：角 3 的第二条直线，角 4 的第
　　　　　　　一条直线

13 CHF 20　　　倒角编程，长度为 20 mm

14 L X +5　　　移到最后一个轮廓点 1，角 4 的第

二条直线

15 DEP LT LEN10 F1000　　　　沿相切直线离开轮廓

16 L Z +250 R0 FMAX M2　　　　沿刀具轴退刀,结束程序

17 END PGM LINEAR MM

圆弧轨迹示例如图 2-65 所示。

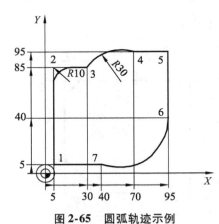

图 2-65　圆弧轨迹示例

圆弧轨迹示例程序如下:

0 BEGIN PGM CIRCULAR MM

1 BLK FORM 0.1 Z X +0 Y +0 Z –20　　定义毛坯形状用于工件图形模拟

2 BLK FORM 0.2 X +100 Y +100 Z +0

3 TOOL DEF 1 L +0 R +10　　　　定义程序中所用刀具

4 TOOL CALL 1 Z X4000　　　　在主轴坐标轴方向上调用刀具并设置主轴转速 S

5 L Z +250 R0 FMAX　　　　在主轴坐标轴方向上以快速移动速度 FMAX 方式退刀

6 L X –10 Y –10 R0 FMAX　　　　预定位刀具

7 L Z –5 R0 F1000 M3　　　　以进给速率 $F = 1\,000$ mm/min 移至加工深度

8 APPR LCT X +5 Y +5 R5 RL F300　　沿相切圆弧在点 1 处接近轮廓

9 L X +5 Y +85　　　　点 2:角 2 的第一条直线

10 RND R10 F150　　　　插入半径 $R = 10$ mm,进给速率:150 mm/min

11 LX +30 Y +85　　　　移至点 3:圆弧 CR 的起点

12 CR X +70 Y +95 R +30 DR –　　移至点 4:圆弧 CR 的终点,半径 30 mm

13 L X +95　　　　移至点 5

14 L X +95 Y +40　　　　移至点 6

15 CT X +40 Y +5	移至点 7：圆弧终点，相切于点 6 的
	半径，TNC 自动计算半径
16 L X +5	移至最后一个轮廓点 1
17 DEP LCT X –20 Y –20 R5 F100	沿相切圆弧线离开轮廓
18 L Z +250 R0 FMAX M2	沿刀具轴退刀，结束程序
19 END PGM CIRCULAR MM	

圆轨迹示例如图 2-66 所示。

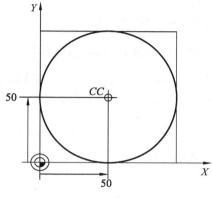

图 2-66　圆轨迹示例

圆轨迹示例程序如下：

0 BEGIN PGM C –CC MM	
1 BLK FORM 0.1 Z X +0 Y +0 Z –20	定义工件毛坯
2 BLK FORM 0.2 X +100 Y +100 Z +0	
3 TOOL DEF 1 L +0 R +12.5	定义刀具
4 TOOL CALL 1 Z S3150	刀具调用
5 CC X +50 Y +50	定义圆心
6 L Z +250 R0 FMAX	退刀
7 L X –40 Y +50 R0 FMAX	预定位刀具
8 L Z –5 R0 F1000 M3	移至加工深度
9 APPR LCT X +0 Y +50 R5 RL F300	沿过渡圆弧接近圆的起点
10 C X +0 DR –	移至圆的终点（ =圆的起点）
11 DEP LCT X –40 Y +50 R5 F1000	沿相切圆弧线离开轮廓
12 L Z +250 R0 FMAX M2	沿刀具轴退刀，结束程序
13 END PGM C –CC MM	

2.4.5　编程 – 循环

1. 用软键定义循环

CYCL DEF——软键行显示多个可使用的循环组。

——按所需循环组的软键,例如,选择钻孔循环的 DRILLING(钻孔)。

——① 选择所需循环,例如 THREAD MILLING(铣螺纹)。TNC 将启动编程
对话,并提示输入全部所需数值。同时,在右侧窗口图形化显示输入
参数。在对话中提示输入的参数以高亮形式显示。

② 输入 TNC 所需的全部参数,每输入一个参数后用【ENT】键结束。

③ 输入完全部所需参数后,TNC 将结束对话。

2. 用 GOTO 功能定义循环

——软键行显示多个可使用的循环组。

——① TNC 在弹出的窗口中显示可用循环清单。

② 用箭头键选择所需循环;或者用【CTRL】和箭头键(翻屏)选择所需循
环;或者输入循环编号并用【ENT】键确认。TNC 将按上述方式启动循
环对话。

NC 程序段举例:

```
7 CYCL DEF 200 DRILLING
        Q200 =2;                     设置安全高度
        Q201 =3;                     深度
        Q206 =150;                   切入进给速率
        Q202 =5;                     切入深度
        Q210 =0;                     顶部停顿时间
        Q203 = +0;                   表面坐标
        Q204 =50;                    第二安全高度
        Q211 =0.25;                  底部停顿时间
```

循环软键含义见表 2-12。

表 2-12　循环软键含义

循环组	软键
啄钻、铰孔、镗孔、锪孔、攻丝和铣螺纹循环	钻孔/攻丝
铣型腔、凸台和槽的循环	型腔/凸台/凹槽
加工阵列孔的循环,如圆周阵列孔或直线阵列孔	坐标变换

循环组	软键
SL（子轮廓列表）循环用于并列加工由多个重叠的子轮廓、圆柱面插补组成的较为复杂的轮廓	SL 循环
对平面或曲面进行断面铣削时所用的循环	图案
坐标变换循环，用于各种轮廓的原点平移、旋转、镜像、放大和缩小	多刀加工 铣削
特殊循环，如停顿时间、程序调用、主轴定向停止和公差	特殊 循环

3. 调用循环

前提条件：循环调用前，必须编程以下数据：① 用于图形显示的 BLK FORM（毛坯形状）（仅用于测试图形）；② 刀具调用；③ 主轴旋转方向（M 功能 M3/M4）；④ 循环定义（CYCL DEF）。

4. 循环举例

钻孔循环编程如下：

```
0 BEGIN PGM C200 MM
1 BLK FORM 0.1 Z X +0 Y +0 Z −20          定义工件毛坯
2 BLK FORM 0.2 X +100 Y +100 Z +0
3 TOOL DEF 1 L +0 R +3                     定义刀具
4 TOOL CALL 1 Z S4500                      刀具调用
5 L Z +250 R0 FMAX                         退刀
6 CYCL DEF 200 DRILLING                    定义循环
    Q200 =2；           设置安全高度
    Q201 = −15；        深度
    Q206 =250；         切入进给速率
    Q202 =5；           切入深度
    Q210 =0；           顶部停顿时间
    Q203 = −10；        表面坐标
    Q204 =20；          第二安全高度
    Q211 =0.2；         底部停顿时间
7 L X +10 Y +10 R0 FMAX M3                 接近孔 1，主轴运转（ON）
8 CYCL CALL                                调用循环
9 L Y +90 R0 FMAX M99                      接近孔 2，调用循环
```

10 L X +90 R0 FMAX M99	接近孔3,调用循环
11 L Y +10 R0 FMAX M99	接近孔4,调用循环
12 L Z +250 R0 FMAX M2	沿刀具轴退刀,结束程序
13 END PGM C200 MM	

5．测试运行和程序运行

（1）测试运行

① 按下"测试运行"键 ➡️ ,选择"测试运行"操作模式。

② 用【PGM MGT】键调用文件管理器并选择要测试的文件。

③ 转到程序起点：用【GOTO】键选择"0"行,并用【ENT】键确认。

（2）程序运行

① 按下"自动运行模式"键 ➡️ ,选择"自动"运行模式。

② 用"程序/文件管理功能"键【PGM MGT】调用文件管理器,选择要运行的文件。

③ 转到程序起点：用【GOTO】键选择"0"行,并用【ENT】键确认。

④ 调节进给率。

⑤ 按【启动】键运行程序。

第 3 章　NX 概述

3.1　认识 NX

2001 年 EDS 公司并购 UGS 公司和 SDRC 公司,开始了 Unigraphics 和 I-deas 两个高端软件的整合,诞生了下一代(Next,简称 NX)集 CAD/CAE/CAM 于一体的数字化产品开发解决方案新软件。从 2002 年至 2007 年,EDS 公司先后推出了 NX 1,NX 2,NX 3,NX 4,NX 5 五个版本。2007 年 5 月,西门子收购 UGS 公司并成立 Siemens PLM Software。2008 年 6 月,Siemens PLM Software 发布了具有里程碑意义的高性能数字化产品开发解决方案软件——NX 6。它推出的同步建模技术可以实现随心所欲地建模;强化数据重用,可以帮助企业提高生产力。2010 年 5 月 20 日,Siemens PLM Software 推出重建产品生命周期决策体系的技术框架,全新精确定义产品生命周期管理(HD-PLM)技术,同步发布的最新数字化产品开发软件 NX 7 利用 HD-PLM 框架技术与 Teamcenter 进行密切配合。NX GC 工具箱作为一个应用模块,与功能增强的 NX 7 新版本一起同步发布。GC 工具箱是为满足中国用户对 NX 的特殊需求而推出的本地化软件工具包。GC 工具箱包括标准化的 GB 环境、数据创建标准辅助工具、标准检查工具、制图、注释、尺寸标注工具和齿轮设计工具等。使用 GC 工具箱,可以帮助客户在进行产品设计时大大提高标准化程度和工作效率。2014 年 12 月,Siemens PLM Software 发布了 NX 10.0 正式版本软件,NX 10.0 新添的最大功能是够支持中文。

3.2　NX 的特点

NX 提供了一个完整的数字化产品开发软件包,它覆盖从产品概念设计、外观造型设计、详细结构设计、数字仿真、工装设计到零件 NC 加工的全过程。NX 界面如图 3-1 所示。

NX 具有以下几个特点:

① 产品开发过程是无缝集成的完整解决方案。

产品开发的流程为产品概念设计—外观造型设计—详细结构设计—数字仿真—工装设计—零件加工。

② 可控制的管理开发环境。

NX 不是简单地将 CAD,CAE 和 CAM 应用程序集成到一起,而是以 UGS Teamcenter 软件的工程流程管理功能为动力,形成一个产品开发解决方案。所有产品开发应用程序都在一个可控制的管理开发环境中相互衔接。产品数据和工程流程管理工具提供了单一的信息源,从而可以协调开发工作的各个阶段,改善协同作业,实现对设计、工程和制造流程的持续改进。

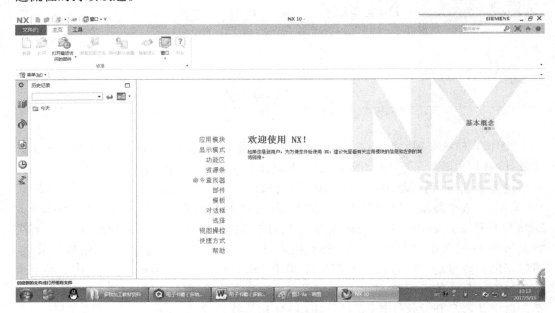

图 3-1　NX 界面

③ 全局相关性。

NX 在整个产品开发工程流程中,应用装配建模和部件间链接技术,建立零件之间的相互参照关系,实现各个部件之间的相关性。同时,在整个产品开发工程流程中,NX 应用主模型方法,实现集成环境中各个应用模块之间保持完全的相关性。

④ 集成的仿真、验证和优化。

NX 中全面的仿真和验证工具可在开发流程的每一步自动检查产品性能和可加工性,以便实现闭环、连续、可重复的验证。这些工具提高了产品质量,同时减少了错误和实际样板的制作费用。

⑤ 知识驱动型自动化。

NX 可以帮助用户收集和重用企业特有的产品和流程知识,使产品开发流程实现自动化,减少重复性工作,同时减少错误的发生。

⑥ 满足软件二次开发需要的开放式用户接口。

NX 提供了多种二次开发接口。应用 Open UIStyle 开发接口,用户可以开发对话框;应用 Open GRIP 语言,用户也可以进行二次开发;应用 Open API 和 Open ++ 工具,用户可以通过 VB,C ++ 和 Java 语言进行二次开发,而且支持面向对象程序设计的全部技术。

NX 10 系统在数字化产品的开发设计领域具有以下几大特点:

① 创新性用户界面把高端功能与易用性相结合。

为了提供一个能够随用户技能水平增长而成长并保持用户效率的系统,NX 10 以可定制的、可移动弹出工具栏为特征。移动弹出工具栏减少了鼠标的移动,并且使用户能够把他们的常用功能集成到由简单操作过程所控制的过程中。

② 完整统一的全流程解决方案。

NX 10 系统无缝集成的应用程序能快速传递产品和工艺信息的变更,从概念设计到产品的制造加工,可用一套统一的方案把产品开发流程中涉及的学科融合到一起。在 CAD 和 CAM 方面,大量吸收了逆向软件 Imageware 的操作方式及曲面方面的命令。同时 NX 10 可以在 UGS 先进的 PLM(产品周期管理,Product Lifecycle Management)Teamcenter 的环境管理下,在开发过程中随时与系统进行数据交流。

③ 可管理的开发环境。

NX 10 系统可以通过 NX Manager 和 Teamcenter 工具把所有的模型数据进行紧密集成,并实时同步管理,进而实现在一个结构化的协同环境中转换产品的开发流程。

④ 知识驱动的自动化。

使用 NX 10 系统,用户可以在产品开发过程中获得产品及其设计制造过程的信息,并将其重新用到开发过程中,以实现产品开发流程的自动化,最大限度地重复利用知识。

⑤ 数字化仿真、验证和优化。

利用 NX 10 系统中的数字化仿真、验证和优化工具,可以减少产品的开发费用,实现产品开发的一次成功。

⑥ 系统的建模能力。

NX 10 基于系统的建模,允许在产品概念设计阶段快速创建多个设计方案,并进行评估,特别是对于复杂的产品,利用这些方案能有效地管理产品零部件之间的关系。

3.2.1　NX 的模块

1. NX 基本环境模块

NX 基本环境模块是执行其他交互应用模块的先决条件,给用户提供了一个交互环境。它具有允许开启已有部件文件,建立新的部件文件,保存部件文件,选择应用,导入和导出不同类型的文件,以及其他一般功能。

2. NX 建模应用模块

NX 零件建模应用模块是其他应用模块实现其功能的基础,所建立的几何模型广泛应用于其他模块。

NX 建模包括实体建模(Solid Modeling)、特征建模(Feature Modeling)、自由形式建模(Free-Form Modeling)、同步建模(Synchronous Modeling)。NX 建模示例界面如图 3-2 所示。

3. NX 外观造型设计应用模块

NX 外观造型设计应用模块为工业设计应用提供专门的设计工具。它包括初始概念阶段的基本工具,如虚拟设计的生成和可视化,以及最终生成主曲面和辅助曲面的全过程。NX 外观造型设计示例如图 3-3 所示。

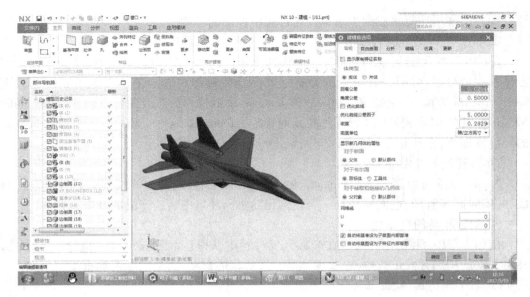

图 3-2　NX 建模示例

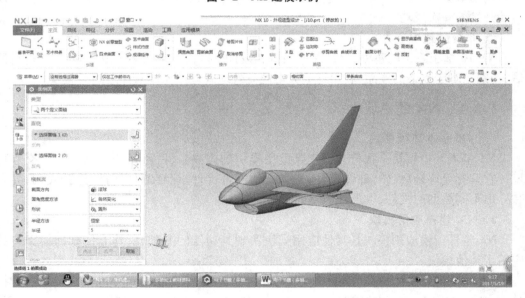

图 3-3　NX 外观造型设计示例

4. NX 装配建模应用模块

NX 装配建模应用模块用于产品的虚拟装配。该应用模块支持"自上向下"和"自底向上"的装配建模；提供了装配结构的快速移动并允许直接访问任何组件或子装配的设计模型；还支持装配"上下文设计"，即在装配的环境中工作时可以对任何组件的设计模型做改变。NX 装配建模示例如图 3-4 所示。

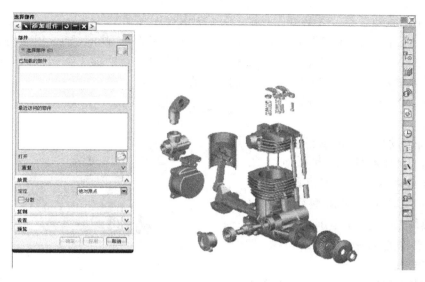

图 3-4　NX 装配建模示例

5. NX 制图应用模块

NX 制图应用模块可以让用户根据在建模应用中创建的三维模型或使用内置的曲线/草图工具创建的二维设计布局来生成工程图纸。制图模块支持自动生成图纸布局，包括正交视图投影、剖视图、辅助视图、局部放大图和轴侧视图等；支持视图相关编辑和自动隐藏线编辑；还支持对工程图的标注，包括尺寸标注、注释标注及装配零件清单表等。NX 制图应用示例如图 3-5 所示。

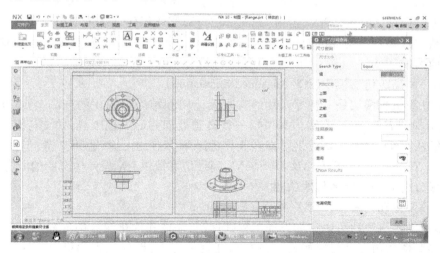

图 3-5　NX 制图应用示例

6. NX 的 CAM 模块

（1）NX 加工基础模块（NX CAM Base）

NX 加工基础模块是 NX 加工应用模块的基础框架。它为所有加工应用模块提供了相同的工作界面环境。所有的加工编程的操作都在此完成。

（2）NX 后处理器（NX Post Execute/Post Builder）

NX 后处理器模块由 NX Post Execute 和 NX Post Builder 共同组成,用于将 NX CAM 模块建立的 NC 加工数据转换成 NC 机床或加工中心可执行的加工数据代码。该模块支持当今世界上几乎所有主流 NC 机床和加工中心。

（3）NX 车削加工模块（NX Lathe）

NX 车削加工模块用于建立回转体零件车削加工程序。它可以使用 2D 轮廓或全实体模型。加工刀具的路径可以相关联地随几何模型变更而更新。该模块提供多种车削加工方式,如粗车、多次走刀精车、车退刀槽、车螺纹及中心孔加工等。

NX 的 CAM 模式示例如图 3-6 所示。

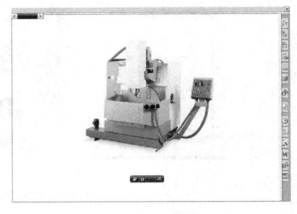

图 3-6　NX 的 CAM 模块

7. NX 的仿真模块

（1）NX 强度向导（NX Strength Wizard）

NX 强度向导提供了使用极为简便的仿真向导。它可以快速地设置新的仿真标准,适用于非仿真技术专业人员进行简单的产品结构分析。

（2）NX 设计仿真模块（NX Design Simulation）

NX 设计仿真是一种 CAE 应用模块,适合于需要基本 CAE 工具来对其设计执行初始验证研究的设计工程师。NX 设计仿真允许用户对实体组件或装配执行仅限于几何体的基本分析。这种基本验证可使设计工程师在设计过程的早期了解其模型中可能存在结构或热应力的区域。

（3）NX 高级仿真模块（NX Advanced Simulation）

NX 高级仿真模块是一种综合性的有限元建模和结果可视化的产品,旨在满足资深 CAE 分析师的需要。NX 高级仿真包括一整套预处理和后处理工具,并支持多种产品性能评估解法。NX 高级仿真提供对许多业界标准解算器的无缝、透明支持,包括 NX Nastran,MSC Nastran,ANSYS 和 ABAQUS。NX 高级仿真提供 NX 设计仿真中的所有功能,还支持高级分析流程的众多其他功能。

（4）NX 运动仿真模块（NX Motion Simulation）

NX 运动仿真模块可以帮助设计工程师理解、评估和优化设计中的复杂运动行为,使产品功能和性能与开发目标相符。在产品开发过程中,设计工程师可以更快、更早地评估多个方案,测试和细化数字样机,以产品达到最佳性能为目的。

（5）NX 注塑流动分析模块（NX Moldflow Part Adviser）

NX 注塑流动分析模块（见图 3-7）用于对整个注塑过程进行模拟分析,包括填充、保压、冷却、翘曲、纤维取向、结构应力和收缩,以及气体辅助成型分析等,使模具设计师在设计阶段就找出未来产品可能出现的缺陷,提高一次试模的成功率,还可以作为产品开发工程师优化产品设计的参考。

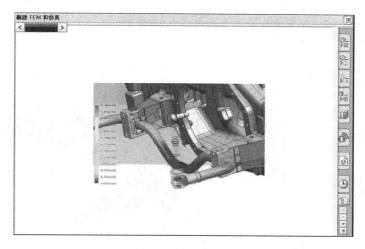

图 3-7 NX 注塑流动分析模块示意

8．NX 的钣金专业模块

NX 钣金设计模块为专业设计人员提供了一整套工具，以便在材料特性知识和制造过程的基础上智能化地设计和管理钣金零部件。NX 的钣金专业模块示意如图 3-8所示。

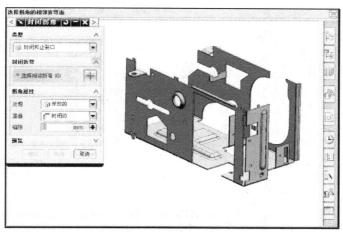

图 3-8 NX 的钣金专业模块示意

3.3 NX 的工作界面

3.3.1 NX 的主窗口

主窗口是 NX 提供给用户与计算机进行人机对话的交互式工作环境。NX 主窗口有非全屏和全屏显示两种模式。全屏显示能为用户提供最大化的图形窗口,且它们之间能互相切换。

NX 的工作界面构成如图 3-9 所示。

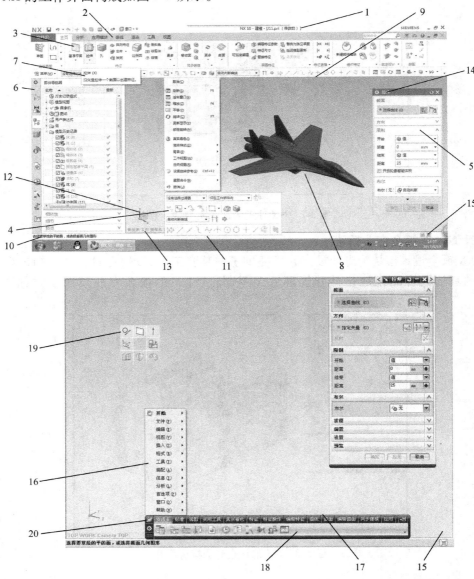

1—标题栏区（Title Bar）；2—主菜单栏（Menu Bar）；3—工具条（Tool Bar）；4—弹出式菜单（Popup Menu）；5—对话框（Dialog）;6—资源工具条（Resource Bar）；7—工具提示（Balloon Tips）；8—图形窗口（Graphics Window）;9—对话框滑轨（Dialog Rail）；10—提示行（Cue Line）；11—状态行（Status Line）；12—视图三重轴（View Triad Axis）；13—工作视图（Work View）标记；14—对话框滑竿（Dialog Rail Clip）；15—全屏与非全屏模式切换按钮；16—工具栏管理器上的主菜单栏（Menu Bar）；17—工具栏管理器上的工具条（Tool Bar）；18—工具栏管理器上的工具条图标按钮；19—放射状工具栏（Radial Tool Bar）；20—工具栏管理器（Tool Bar Manager）

图 3-9 NX 的工作界面

3.3.2　NX 的标题栏区

标题栏区用于显示 NX 的标题(通常是版本)、当前使用模块、当前显示文件名(Displayed Part)、当前工作部件文件名(Work　Part)、当前工作部件文件的修改状态(Modified)、只读属性等信息,如图 3-10 所示。如果部件因为过期配对条件或 WAVE – 链接的几何体过期,系统在部件名旁边显示惊叹号。

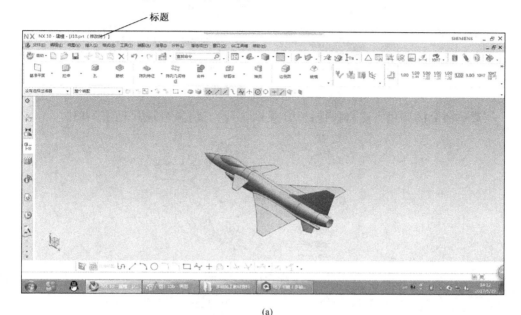

(a)

(b)

图 3-10　NX 的标题栏区

3.3.3 主菜单与下拉菜单

下拉菜单和级联菜单如图 3-11 所示。

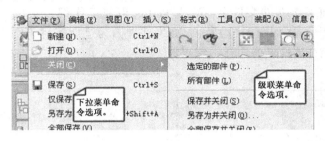

图 3-11 下拉菜单

菜单命令的调用方法有快捷键法(见图 3-12)、助记字符法(见图 3-13)。

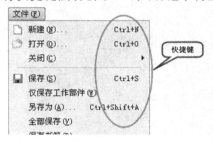

图 3-12 快捷键

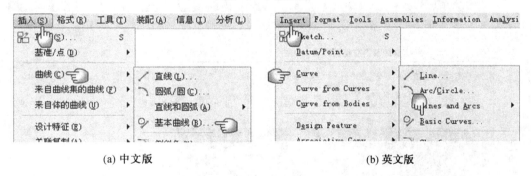

(a) 中文版   (b) 英文版

图 3-13 NX 助记字符标记

3.3.4 工具条

工具条是一排用来激活标准 NX 菜单选项的图标按钮的集合。每一个图标按钮可以激发某一功能或某一类功能,以方便用户快速操作。NX 具有大量的工具条供用户使用,其中的一部分在启动 NX 时已显示。

图形窗口非全屏模式显示时,工具条的显示是浮动的,通过拖动工具条首部的标志,可以改变工具条的位置。图形窗口全屏模式显示时,工具条由工具栏管理器管理。要显示哪些工具条,显示工具条的哪些图标按钮,都可以通过工具条的用户自定义功能由用户自己设置。

工具条的操作包括停靠/取消停靠工具条、移动停靠/非停靠工具条(见图 3-14)、改变工具条长度、添加/移除工具条命令按钮(见图 3-15)。

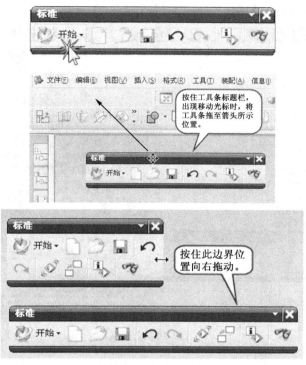

图 3-14 移动工具条

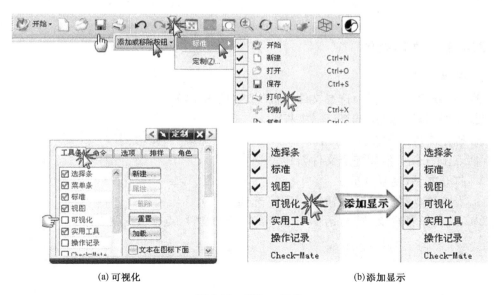

(a) 可视化　　　　　　　　　　　　　　(b)添加显示

图 3-15 添加工具条

3.3.5 资源条

资源条操作如图 3-16 所示。

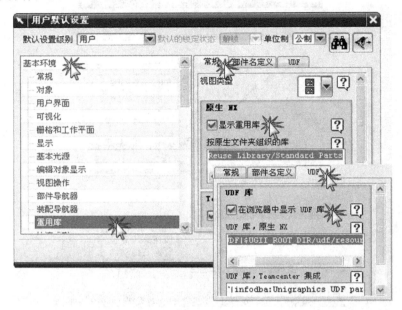

图 3-16 资源条

3.4 NX 的基本操作

3.4.1 文件操作

1. 新建文件

① 在"新建"对话框中选择文件模板类型(见图 3-17)。

② 在"模板"类型中选择所需模板。

③ 确定文件名称及保存位置。

④ 点击"确定"按钮完成文件新建。

2. 打开文件(见图 3-18)

① 点击菜单栏"文件"按钮的"打开"选项。

② 在"打开部件文件"对话框中选择要打开的文件,点击"OK"按钮即可。

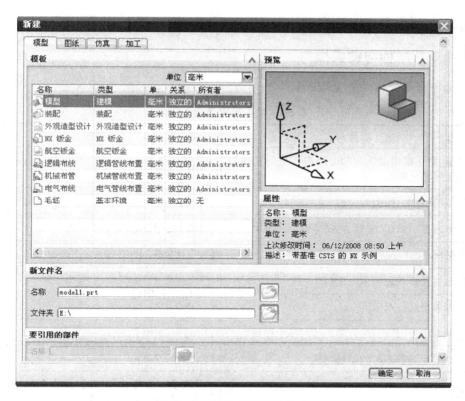

图 3-17　选择文件模板类型

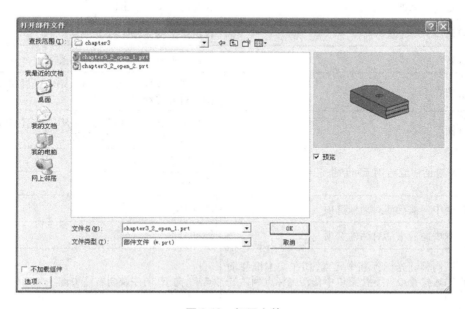

图 3-18　打开文件

3．保存文件

保存文件的形式包括保存（包括保存设置）、仅保存工作部件、全部保存、另存为、保存书签。

3.4.2　鼠标与键盘操作

鼠标与键盘操作功能见表 3-1。

表 3-1　鼠标与键盘操作功能

功能	操作
选择菜单、对话框中的选项和图形窗口中的几何对象或指定屏幕位置	【MB1】鼠标左键
相当于【确定/OK】按钮	【MB2】鼠标中键
在文本框内显示剪切、复制、粘贴等弹出式菜单	【MB3】鼠标右键
取消对话框	【Alt】+【MB2】
在列表框内选择相邻的多个项目	【Shift】+【MB1】
取消选择单个几何对象	
在列表框内选择或取消选择非相邻的多个项目	【Ctrl】+【MB1】
当光标下的点是静态时的缩放功能	转动鼠标的滚轮
弹出视图弹出式菜单	在图形窗口区单击【MB3】；或在图形窗口任何位置单击【Ctrl】键+【MB3】
启动特定于对象的弹出式菜单	在特定对象上单击【MB3】
为对象调用 NX 的默认操作	在对象上双击【MB1】
视图旋转	在视图中按住【MB2】并转动鼠标
平移视图	在视图中按住【Shift】键+【MB2】或【MB2】+【MB3】并移动鼠标
放大视图	在视图中按住【Ctrl】键+【MB2】或【MB2】或【MB1】+【MB2】并移动鼠标
启用 NX 对话框或启用无对话框命令	【Alt】+助记字符
	快捷键
在对话框中向前激活对话框选项	【Tab】键
在对话框中向后激活对话框选项	【Tab】键
在选项框内移动光标到某个元素，如在文本框移动光标点输入位置或在下拉菜单中移动光标点到欲选择的选项	向上、向下、向左及向右箭头键
如果文本框当前有光标移入，在对话框内激活【确定/OK】按钮	【Return】键

续表

功能	操作
出现消息对话框时,弹出信息窗口	空格/【Return】键
终止进程(限制使用)	【Shift】+【Tab】+【L】

鼠标行为参数说明见表3-2。

表3-2　鼠标行为参数说明

参数设置选项	行为说明
未定义	与 UGII_MOUSE_WHELL = 1 相同
0	在图形窗口中禁用鼠标滚轮。不会影响它在 NX 或其他应用模块中的行为
1	要进行放大,将鼠标滚轮朝向自己滚动;要进行缩小,将鼠标滚轮背向自己滚动。这是默认设置
2	要进行放大,将鼠标滚轮背向自己滚动;要进行缩小,将鼠标滚轮朝向自己滚动

3.4.3　选择操作工具

图 3-19　选择条"定制"对话框

1. 选择条位置

选择条的放置位置可选顶部或底部。

2. 使用迷你选择条

在"定制"对话框中勾选"显示小选择条"即显示小选择条,如图 3-19 所示。

3. 选择条的 4 个命令组

选择条的 4 个命令组为选择过滤命令组、选择意图命令组、捕捉点命令组、注释命令组,如图 3-20 所示。

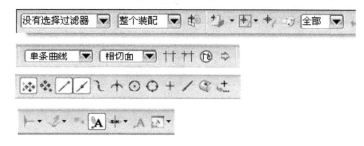

图 3-20　选择条的 4 个命令组

3. 快速拾取(见图 3-21)

(1)启用快速拾取对话框。

① 将鼠标放置在需拾取对象处,等待出现快速拾取标记,单击快速拾取标记,弹出

"快速拾取"对话框。

　　② 将鼠标放置在需拾取对象处,单击右键弹出"快速拾取"对话框。

　　(2)快速拾取延迟时间设置。

　　(3)快速拾取对话框。

　　列表框中列出的几何对象优先被选择条过滤,被过滤选项排除的几何对象不会出现在列表框中。列表框中列出的几何对象的排列先后顺序取决于选择优先级设置。

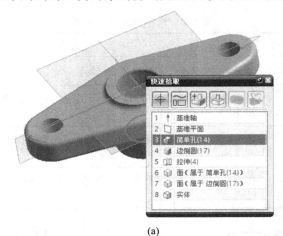

(a)

(b)　　　　　　　　　　　(c)

图 3-21　快速拾取

第4章 平面铣加工

4.1 概　述

平面铣加工即移除零件平面层中的材料,多用于加工零件的基准面、内腔的底面、内腔的垂直侧壁及敞开的外形轮廓等,对于直壁、岛屿顶面和槽腔底面为平面的零件尤为适用。平面铣是一种 2.5 轴加工方式,在加工过程中水平方向的 X,Y 两轴联动,Z 轴只在完成一层加工后进入下一层时才单独运动,而 B,C 轴在加工过程中保持锁定。

4.2　平面铣实例分析

图 4-1 所示的零件为本章平面铣的实例,通过对实例的加工前准备、程序编制、加工中心加工等一系列的完整加工过程来详细介绍加工中心平面铣加工的一般步骤。

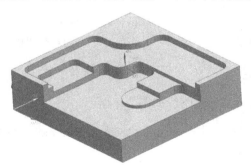

图 4-1　实例

① 通过图纸或参数,在 NX 10.0 的建模界面绘制零件的三维图。

② 进入 NX 10.0 的加工环境,选择下拉菜单"分析"→"NC 助理"命令,系统弹出如图 4-2 所示的"NC 助理"对话框。在对话框弹出后,框选图形;在"分析类型"下拉表中选择"拐角"选项;在"操作"区域单击"分析几何体"按钮 ;在"结果"区域单击"信息"按钮,系统弹出如图 4-3 所示的"信息"对话框。该对话框中显示了零件上的拐角个数及每个拐角的角度,可以根据这些数据准备相应刀具。

图 4-2 "NC 助理"对话框

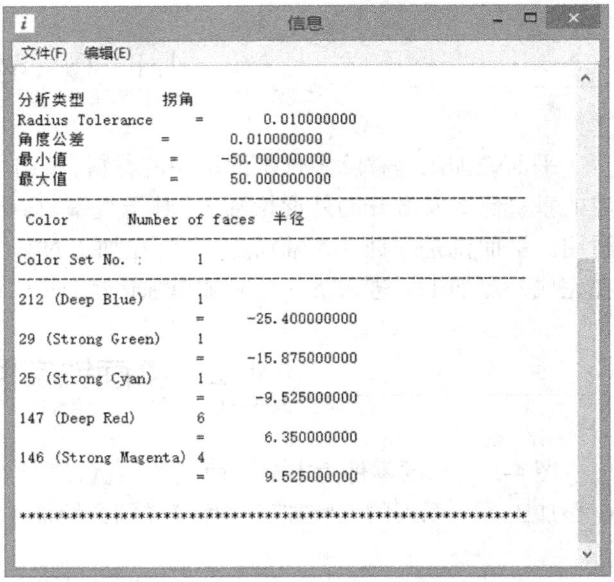

图 4-3 "信息"对话框

4.2.1 工序制定

实例零件的平面铣加工工艺路线如图 4-4 所示。

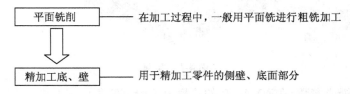

图 4-4 零件的平面铣加工工艺路线

4.2.2 刀具准备

根据"NC 助理"得出的结论可知,零件最小的内拐角的半径尺寸为 6.35 mm,因此在精加工时,刀具的半径小于 6.35 mm 即可。而粗铣加工时所用刀具以在最短时间内最大限度去除多余材料为原则选取。

粗加工所用刀具:D16R0。

精加工所用刀具:D8R0。

4.2.3　切削参数

该零件材料切削性能好,铣削外轮廓面时,留 1 mm 精加工余量,粗铣加工转速为
2 000 r/min,精铣加工转速为 3 000 r/min,进给率均为默认。

4.3　程序编制

4.3.1　程序编制前准备

1. 打开模型文件并进入加工环境

步骤 1:打开模型文件。

步骤 2:进入加工环境。选择下拉菜单"启动"→"加工"命令,系统弹出"加工环境"
对话框;在"加工环境"对话框的"CAM 会话配置"列表框中选择"cam_general"选项;在
"要创建的 CAM 设置"列表框中选择"mill_planar"选项。单击"确定"按钮,进入加工
环境。

2. 创建几何体

(1)创建机床坐标系和安全平面

步骤 1:进入几何视图。在工具条"导航器"模块中选择"几何视图"命令,在"工序
导航器"中双击"MCS_MILL",系统弹出如图 4-5 所示的"MCS 铣削"对话框。

步骤 2:创建机床坐标系。

① 在"MCS 铣削"对话框的"机床坐标系"区域中单击"CSYS"对话框按钮 ，系统
弹出"CSYS"对话框,确认在"类型"下拉列表中选择"自动判断"选项,选定零件的底面,
单击"确定"按钮,机床坐标系移动到底平面中心。

② 在"CSYS"对话框中,确认在"类型"下拉列表中选择"动态"选项,在坐标上双击
以改变方向,使坐标方向满足要求;在工具条"实用工具"模块中单击"测量距离"按钮
，系统弹出"测量距离"对话框;在"类型"下拉列表中选择"距离"选项,然后选择零
件上下表面,系统会显示结果" = 44.450 0 mm";返回至"CSYS"对话框,在图形区对 *ZM*
轴的距离文本框输入值"44.45",单击【ENT】键;然后单击"确定"按钮,完成如图 4-6 所
示机床坐标系的创建,系统返回到"MCS 铣削"对话框。

步骤 3:创建安全平面。

① 在"MCS 铣削"对话框"安全设置"区域的"安全设置选项"下拉列表中选择"平
面"选项,单击"平面对话框"按钮 ，系统弹出"平面"对话框。

② 选取图 4-7 所示的顶表面,在"偏置"区域的"距离"文本框中输入值"10.0",单击
"确定"按钮,系统返回到"MCS 铣削"对话框,完成如图 4-7 所示的安全平面的创建。

图 4-5 "MCS 铣削"对话框

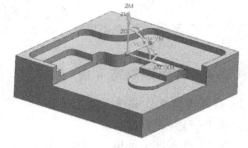

图 4-6 创建机床坐标系

（2）创建部件几何体

步骤 1：在"工序"导航器中双击"MCS_MILL"节点下的"WORKPIECE"，系统弹出"工件"对话框。

步骤 2：选取部件几何体。单击"选择或编辑部件几何体"按钮 ，系统弹出"部件几何体"对话框，在图形区选取整个零件为部件几何体。

步骤 3：单击"确定"按钮，完成部件几何体的创建，同时系统返回"工件"对话框。

（3）创建毛坯几何体

步骤 1：在"工件"对话框中单击"毛坯几何体"按钮 ⬡，系统弹出"毛坯几何体"对话框。

步骤 2：在"类型"下拉列表中选择"包容块"选项，在"限制"区域设置符合要求的参数，如图 4-8 所示。

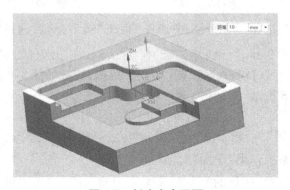

图 4-7 创建安全平面

图 4-8 "毛坯几何体"对话框

步骤 3：单击"确定"按钮，系统返回到"工件"对话框。

步骤 4：单击"确定"按钮，完成毛坯几何体的创建。

3．创建刀具

（1）创建刀具 1

步骤 1：在工具条"导航器"模块中选择"创建刀具"命令，系统弹出如图 4-9 所示的"创建刀具"对话框。

步骤 2：确定刀具类型。在"类型"下拉列表中选择"mill_planar"选项；在"刀具子类型"区域单击"MILL"按钮 ；在"位置"区域的"刀具"下拉列表中选择"GENERIC_MACHINE"选项；在"名称"文本框中输入"D16R0"；然后单击"确定"按钮，系统弹出如图 4-10 所示的"铣刀－5 参数"对话框。

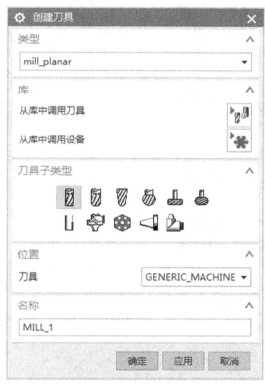

图 4-9　"创建刀具"对话框

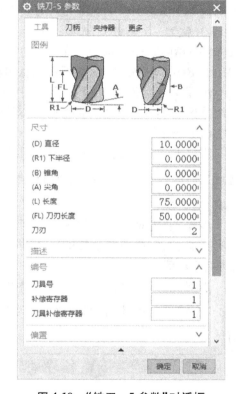

图 4-10　"铣刀－5 参数"对话框

步骤 3：设置刀具参数。设置如图 4-10 所示的刀具参数，单击"确定"按钮，完成刀具 1 的创建。

（2）创建刀具 2

设置刀具类型为"mill_planar"选项，刀具子类型为"MILL"类型（单击"立铣刀"按钮 ），刀具名称为"D8R0"，然后单击"确定"按钮，系统弹出如图 4-10 所示的"铣刀－5 参数"对话框；在"铣刀－5 参数"对话框中设置刀具参数，单击"确定"按钮，完成刀具 2 的创建。

4.3.2　平面铣削——粗铣加工

1．创建平面铣工序

（1）创建工序

步骤1：在工具条"导航器"模块中选择"创建工序"命令，系统弹出"创建工序"对话框。

步骤2：确定加工方法。在"创建工序"对话框的"类型"下拉列表中选择"mill_planar"选项，在"工序子类型"区域中单击"底壁加工"按钮 ；在"程序"下拉列表中选择"PROGRAM"选项；在"刀具"下拉列表中选择"D8R0（铣刀-5参数）"选项；在"几何体"下拉列表中选择"WORKPIECE"选项；在"方法"下拉列表中选择"MILL_ROUGH"选项；采用系统默认名称。

步骤3：在"创建工序"对话框中单击"确定"按钮，系统弹出图4-11所示的"底壁加工"对话框。

（2）指定切削区域

步骤1：在"几何体"区域中单击"选择或编辑切削区域几何体"按钮 ，系统弹出如图4-12所示的"切削区域"对话框。

步骤2：选取如图4-13所示的面为切削区域，单击"确定"按钮，完成切削区域的创建，同时系统返回到"底壁加工"对话框。

步骤3：在"几何体"区域中选中"自动壁"复选框，单击"指定壁几何体"区域中的检查按钮 查看壁几何体。

图4-11　"底壁加工"对话框

图4-12　"切削区域"对话框

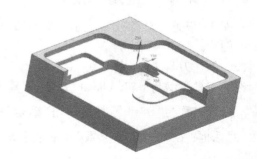

图4-13　指定切削区域

（3）设置刀具路径参数

步骤1：设置切削模式。在"刀轨设置"区域的"切削模式"下拉列表中选择"跟随周边"选项。

步骤2：设置步进方式。在"步距"下拉列表中选择"刀具平直百分比"选项；在"平面直径百分比"文本框中输入值"50.0"；在"每刀切削深度"文本框中输入值"1"。

（4）设置切削参数

步骤1：单击"底壁加工"对话框"刀轨设置"区域中的"切削参数"按钮 ，系统弹出"切削参数"对话框。单击"策略"选项卡，设置参数如图4-14所示。

步骤2：单击"余量"选项卡，设置参数如图4-15所示。

步骤3：单击"拐角"选项卡，设置参数如图4-16所示。

步骤4：单击"连接"选项卡，设置参数如图4-17所示。

步骤5：单击"空间范围"选项卡，设置参数如图4-18所示。

步骤6：单击"更多"选项卡，设置参数如图4-19所示；单击"确定"按钮，系统返回到"底壁加工"对话框。

图4-14　"策略"选项卡

图4-15　"余量"选项卡

图 4-16　"拐角"选项卡　　　　　　图 4-17　"连接"选项卡

图 4-18　"空间范围"选项卡　　　　　图 4-19　"更多"选项卡

（5）设置非切削移动参数

步骤 1：单击"底壁加工"对话框"刀轨设置"区域中的"非切削移动"按钮 ，系统

弹出"非切削移动"对话框。

步骤 2：单击"非切削移动"对话框中的"进刀"选项卡，其参数的设置如图 4-20 所示，其他选项卡中的参数设置值采用系统默认值，单击"确定"按钮完成非切削移动参数的设置。

（6）设置进给率和速度

步骤 1：单击"底壁加工"对话框"刀轨设置"区域中的"进给率和速度"按钮 ，系统弹出"进给率和速度"对话框。

步骤 2：选中"主轴速度"区域中的"主轴速度（rpm）"复选框，在其后的文本框中输入值"2 000.0"；在"进给率"区域的"切削"文本框中输入值"250.0"，按下【Enter】键；然后单击计算按钮 ，其他的参数设置如图 4-21 所示。

图 4-20　"非切削移动"对话框

图 4-21　"进给率和速度"对话框

步骤 3：单击"进给率和速度"对话框中的"确定"按钮，系统返回到"底壁加工"对话框。

（7）生成刀路轨迹并仿真

步骤 1：在"底壁加工"对话框中单击"生成"按钮 ，在图形区生成如图 4-22 所示的刀路轨迹。

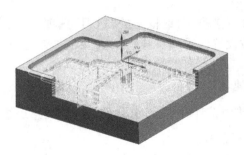

图 4-22   刀路轨迹

步骤 2：在图形区通过旋转、平移、放大视图，再单击"重播"按钮 ，重新显示路径，可以从不同角度对刀路轨迹进行查看，以判断其路径是否合理。

步骤 3：单击"确认"按钮 ，系统弹出图 4-23 所示的"刀轨可视化"对话框。

步骤 4：使用 2D 动态仿真。单击"2D 动态"选项卡，采用系统默认设置值。调整动画速度后单击"播放"按钮 ，即可演示 2D 动态仿真加工。完成演示后的模型如图 4-24 所示。仿真完成后单击"确定"按钮，完成仿真操作。

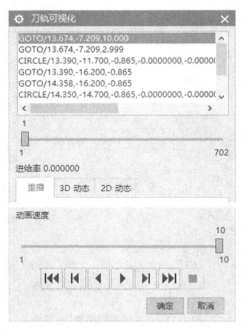

图 4-23   "刀轨可视化"对话框

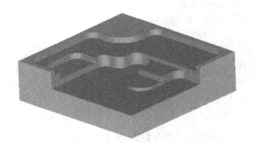

图 4-24   2D 仿真效果

步骤 5：单击"确定"按钮，完成操作。

4.3.3 精铣加工底、壁

（1）创建工序

步骤 1：在程序顺序视图中将光标移动到工序导航器"FLOOR_WALL"上后右击，显示下拉菜单；单击"复制"选项，光标移动到"FLOOR_WALL"右击，显示下拉菜单；单击"粘贴"选项，在"FLOOR_WALL"下显示"FLOOR_WALL COPY"，完成新工序的创建。

步骤 2：双击"FLOOR_WALL COPY"选项，系统弹出如图 4-25 所示的"底壁加工"对话框。

（2）指定切削区域

步骤 1：采用"底壁加工"对话框"几何体"区域中设置值，单击"指定部件"区域中的检查按钮 查看部件几何体；单击"指定切削区底面"区域中的检查按钮 查看切削区域几何体。

步骤 2：在"几何体"区域中选中"自动壁"复选框，单击"指定壁几何体"区域中的检查按钮 查看壁几何体。

（3）设置刀具路径参数

步骤 1：设置所用刀具。在"工具"区域的"刀具"下拉列表中选择"D8R0（铣刀－5 参数）"选项。

步骤 2：设置切削方法。在"刀轨设置"区域的"方法"下拉列表中选择"MILL_FINISH"选项。

步骤 3：设置切削模式。在"刀轨设置"区域的"切削模式"下拉列表中选择"跟随周边"选项。

图 4-25 "底壁加工"对话框

步骤 4：设置步进方式。在"步距"下拉列表中选择"刀具平直百分比"选项；在"平面直径百分比"文本框中输入值"50.0"；在"每刀切削深度"文本框中输入值"0.5"。

（4）设置切削参数

步骤 1：单击"底壁加工"对话框"刀轨设置"区域中的"切削参数"按钮 ，系统弹出"切削参数"对话框。

步骤 2：单击"余量"选项卡，设置参数如图 4-26 所示。

步骤 3：单击"空间范围"选项卡，设置参数如图 4-27 所示。其他参数采用默认设置。

图 4-26 "余量"选项卡

图 4-27 "空间范围"选项卡

（5）设置非切削移动参数

步骤 1：单击"底壁加工"对话框"刀轨设置"区域中的"非切削移动"按钮，系统弹出"非切削移动"对话框。

步骤 2：单击"非切削移动"对话框中的"进刀"选项卡，其参数的设置如图 4-28 所示，其他选项卡中的参数设置值采用系统默认值。单击"确定"按钮，完成非切削移动参数的设置。

（6）设置进给率和速度

步骤 1：单击"底壁加工"对话框"刀轨设置"区域中的"进给率和速度"按钮，系统弹出"进给率和速度"对话框。

步骤 2：选中"主轴速度"区域中的"主轴速度（rpm）"复选框，在其后的文本框中输入值"3 000.0"；在"进给率"区域的"切削"文本框中输入值"250.0"，按【ENT】键；然后单击计算按钮，其他的参数设置如图 4-29 所示。

图 4-28　"非切削移动"对话框

图 4-29　"进给率和速度"对话框

步骤 3：单击"进给率和速度"对话框中的"确定"按钮，系统返回到"底壁加工"对话框。

（7）生成刀路轨迹并仿真

步骤 1：在"底壁加工"对话框中单击"生成"按钮 ，在图形区生成如图 4-30 所示的刀路轨迹。

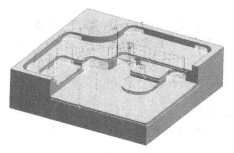

图 4-30　刀路轨迹

步骤 2：在图形区通过旋转、平移、放大视图，再单击"重播"按钮 重新显示路径，可以从不同角度对刀路轨迹进行查看，以判断其路径是否合理。

步骤 3：单击"确认"按钮 ，系统弹出如图 4-31 所示的"刀轨可视化"对话框。

步骤 4：使用 2D 动态仿真。单击"2D 动态"选项卡，采用系统默认设置值。调整动画速度后单击"播放"按钮 ▶，即可演示 2D 动态仿真加工。完成演示后的模型如图4-32所示。仿真完成后单击"确定"按钮,完成仿真操作。

步骤 5：单击"确定"按钮,完成操作。

图 4-31　"刀轨可视化"对话框

图 4-32　2D 仿真效果

4.4　平面铣加工程序

4.4.1　平面铣削加工程序

1. 生成平面铣削加工程序

步骤 1：在程序顺序视图中移动光标到工序导航器"FLOOR_WALL"上右击,显示下拉菜单,单击"后处理"选项,系统弹出如图 4-33 所示的"后处理"对话框。

步骤 2：在"后处理器"下拉列表中选择"DMU60"选项,在"输出文件"区域"文件名"文本框中设置程序保存位置,其他参数设置值采用系统的默认值。单击"确定"按钮,完成操作,系统弹出如图 4-34 所示的"信息"对话框。

图 4-33 "后处理"对话框　　　　　图 4-34 "信息"对话框

2. 平面铣削加工程序

平面铣削加工程序如下：

```
1 BEGIN PGM 100 MM
2 BLK FORM 0.1 Z X0.0 Y0.0 Z −20.
3 BLK FORM 0.2 X100. Y100. Z0.0
4 CYCL DEF 247 DATUM SETTING   Q339 = +1        ;DATUM NUMBER
5 L Z −1 FMAX M91
6 L B0.0 C0.0 FMAX
7 LBL 100
8 CYCL DEF 7.0 DATUM SHIFT
9 CYCL DEF 7.1 X0.000
10 CYCL DEF 7.2 Y0.000
11 CYCL DEF 7.3 Z0.000
12 PLANE RESET STAY
13 L Z −1 FMAX M91
14 LBL 0
    ⋮
2007 C X10.762 Y −3.238 DR +
2008 CC X −19.685 Y10.795
```

2009 C X −4.067 Y −18.87 DR −
2010 CC X −.328 Y −25.942
2011 C X −8.132 Y −24.185 DR +
2012 CC X −23.748 Y −20.7
2013 C X −21.349 Y −36.519 DR −
2014 CC X −21.103 Y −38.1
2015 C Y −39.681 DR +
　⋮
3586 PLANE RESET STAY
3587 CALL LBL 200
3588 M9
3589 L B0.0 C0.0 FMAX
3590 M30
3591 END PGM 100 MM
3592；Total Machining Time：137.86 MIN

4.4.2　底、壁精加工程序

1．生成底、壁精加工程序

步骤 1：在程序顺序视图中移动光标到工序导航器"FLOOR_WALL"上右击，显示下拉菜单，单击"后处理"选项，系统弹出如图 4-35 所示的"后处理"对话框。

步骤 2：在"后处理器"下拉列表中选择"DMU60"选项，在"输出文件"区域"文件名"文本框中设置程序保存位置，其他参数设置值采用系统的默认值。单击"确定"按钮，完成操作，系统弹出如图 4-36 所示的"信息"对话框。

图 4-35　"后处理"对话框

图 4-36　"信息"对话框

2. 底、壁精加工程序

底、壁精加工程序如下：

1 BEGIN PGM 100 MM

2 BLK FORM 0.1 Z X0.0 Y0.0 Z −20.

3 BLK FORM 0.2 X100. Y100. Z0.0

4 CYCL DEF 247 DATUM SETTING   Q339 = +1   ;DATUM NUMBER

5 L Z −1 FMAX M91

6 L B0.0 C0.0 FMAX

7 LBL 100

8 CYCL DEF 7.0 DATUM SHIFT

9 CYCL DEF 7.1 X0.000

10 CYCL DEF 7.2 Y0.000

11 CYCL DEF 7.3 Z0.000

12 PLANE RESET STAY

13 L Z −1 FMAX M91

14 LBL 0

⋮

2110 L Z −7.583

2111 L Z10. FMAX

2112 L X −50.15 Y −45.647 FMAX

2113 L Z −8.007 FMAX

2114 L Z −11.007

2115 L X −53.15

2116 L Y −48.647

2117 L Y −55.507

2118 CC X −49.15 Y −55.5

2119 C X −49.157 Y −59.5 DR +

⋮

3420 L Z10. FMAX

3421 PLANE RESET STAY

3422 CALL LBL 200

3423 M9

3424 L B0.0 C0.0 FMAX

3425 M30

3426 END PGM 100 MM

3427;Total Machining Time:47.34 MIN

4.5 DMU 60 平面铣加工

4.5.1 平面铣加工原理、特点及注意事项

1. 平面铣加工原理

平面铣是 UG NX10.0 加工最基本的操作,这种操作创建的刀位轨迹是基于平面曲线进行偏移而得到的,所以平面铣实际上就是基于曲线的二维刀轨。UG NX10.0 的平面铣可设定每段曲线与刀具,可保留材料侧的位置关系,提供 8 种切削方式、5 种定义切削深度的方法。

平面铣是 UG NX10.0 提供的 2.5 轴加工的操作,通过定义的边界在 XY 平面创建刀位轨迹。平面铣用来加工侧面与底面垂直的平面零件,此类零件的侧面与底面垂直,可以有岛屿或型腔,但岛屿面和型腔底面必须是平面,如台阶平面、底平面、轮廓外形、型芯和型腔的基准平面等。

2. 平面铣加工特点

平面铣操作创建了可去除平面层中的材料量的刀轨,这种操作类型最常用于粗加工,为精加工操作做准备;也可以用于精加工零件的表面及垂直于底平面的侧面,平面铣可以不需要做出完整的造型而只依据 2D 图形直接进行刀具路径的生成。

3. 平面铣注意事项

① 选择铣刀,一般以小直径、螺旋齿铣刀切削平稳,轴向尺寸大于待加工面宽为宜。

② 装夹工件,因工件形状、加工部位而异。工件、刀具是否夹牢,刀具质量都是防止平面铣削中是否振动的因素之一。

③ 用平口钳装夹工作完毕,应取下平口钳扳手,才能进行铣削。

④ 确定铣削用量,这要因材料、技术要求不同而分为粗铣与精铣阶段。粗铣铣削用量的选择原则是:先选较大侧吃刀量、进给量后选铣削速度;精铣的原则是:首先选铣削速度,其次是选进给量,最后定侧吃刀量。可见,在切削加工中粗、精切削用量选择原则是不同的。

⑤ 调整加工中心,试开车再进一步检查刀具、工件及切削液等的到位状况。调整不当,将会直接影响工件铣削后的平面度。

⑥ 铣削时不准用手摸工件和铣刀。

⑦ 铣削时不准停止铣刀旋转,以免损坏刀具,啃伤工件。

⑧ 铣削结束后,工件不能立即在旋转的铣刀下退回,应先降低工作台再退出。

⑨ 铣削时,不使用的进给机构应紧固,工作完毕再松开。

4.5.2 平面铣加工步骤

步骤 1:将工件装夹到加工中心工作台上的工装上。

步骤 2:用红宝石探头进行坐标系的创建,必须与零件在 UG 软件中设置的机床坐标

系重合。

步骤 3：将程序通过 U 盘输入到加工中心电脑中，并适当修改其中相关的参数。

步骤 4：将所需要的刀具放入刀库，并进行相应参数的设置。

步骤 5：首次加工时，先进行程序的试运行，确定程序无误后再进行试切，试切时，应采用单段运行方式，并降低进给率和快进速度，防止撞刀，当一切运行正常之后再采取自动运行方式加工。加工时，根据刀片材料，在需要时加切削液或者采用风冷，但不能在刀具进行铣削时或刀具发热时进行冷却，这样容易损坏刀具。

步骤 6：等程序运行完之后测量工件各项尺寸，如有偏差则进行刀补或对程序进行修改。

第5章 轮廓铣加工

5.1 概　述

　　轮廓铣削在数控加工中应用最为广泛,用于大部分的粗铣加工,以及直壁或斜度不大的侧壁的精加工。轮廓铣削加工的特点是:刀具路径在同一高度内完成一层铣削,遇到曲面时将其绕过,然后下降一个高度进行下一层的切削。系统按照零件在不同深度的截面形状,计算各层的刀路轨迹。轮廓铣削在每一个切削层上,根据切削层平面与毛坯和零件几何体的交线来定义切削范围,通过限定高度值,只做一层切削。轮廓铣可用于平面的精铣加工及清角加工等。

5.2　轮廓铣实例分析

　　图5-1所示的零件为本章轮廓铣加工的实例,通过对实例的加工前准备、程序编制、加工中心加工等一系列的完整加工过程来详细介绍加工中心轮廓铣加工的一般步骤。

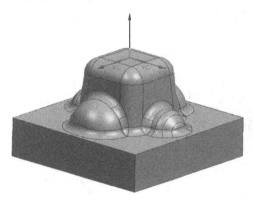

图5-1　实例

　　① 通过图纸或参数,在NX 10.0的建模界面绘制零件的三维图。

　　② 进入NX 10.0的加工环境,选择下拉菜单“分析”→“NC助理”命令,系统弹出图5-2所示的“NC助理”对话框。在对话框弹出后,框选图形;在“分析类型”下拉菜单中选择“圆角”选项;在“操作”区域单击“分析几何体”按钮 ;在“结果”区域单击“信息”按钮,系统弹出图5-3所示的“信息”对话框,在该对话框中显示了零件上的圆角个数及

每个圆角的角度,可以根据这些数据准备相应刀具。

图 5-2　"NC 助理"对话框

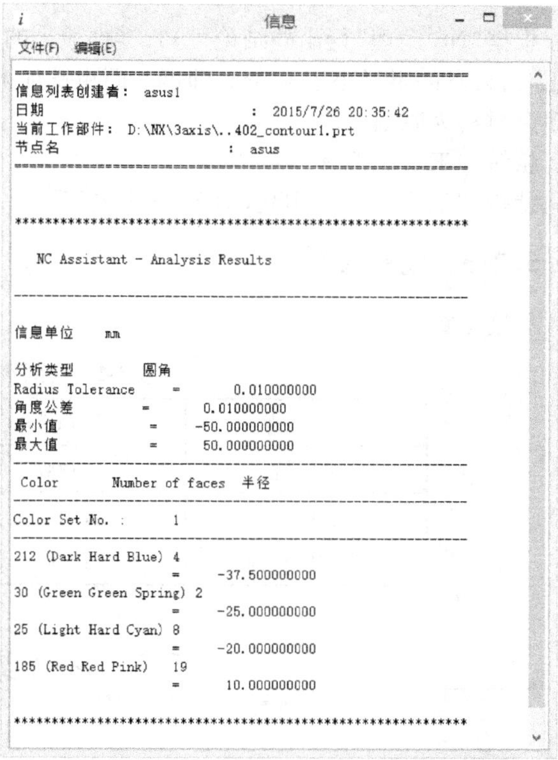

图 5-3　"信息"对话框

5.2.1　工序制定

该零件的加工工艺路线如图 5-4 所示。

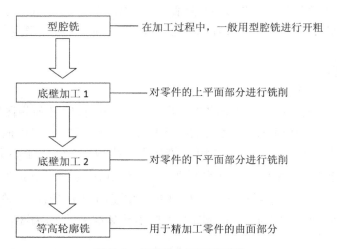

图 5-4　轮廓铣加工工艺路线

5.2.2 刀具准备

根据"NC 助理"得出的结论可知,零件最小的内圆角的半径尺寸为 10 mm,因此在精加工时,刀具的半径小于 10 mm 即可。而粗铣加工所用刀具以在最短时间内最大限度去除多余材料为原则选取。

粗铣加工所用刀具:D16R2。

精铣加工所用刀具:D8R0,D8(球头铣刀)。

5.2.3 切削参数

切削参数见表 5-1。

表 5-1　切削参数

加工工序	转速/(r/min)	切削量/(mm/r)
型腔铣	1 000	250
底壁加工	2 000	250
等高轮廓铣	1 500	600

5.3　程序编制

5.3.1 程序编制前准备

1. 打开模型文件并进入加工环境

步骤 1:打开模型文件。

步骤 2:进入加工环境。选择下拉菜单"启动"→"加工"命令,系统弹出"加工环境"对话框;在"加工环境"对话框的"CAM 会话配置"列表框中选择"cam_general"选项;在"要创建的 CAM 设置"列表框中选择"mill_contour"选项。单击"确定"按钮,进入加工环境。

2. 创建几何体

(1)创建机床坐标系和安全平面

步骤 1:进入几何视图。在工具条"导航器"模块中选择"几何视图"命令,在"工序导航器"中双击"MCS_MILL",系统弹出图 5-5 所示的"MCS 铣削"对话框。

步骤 2:创建机床坐标系。在"MCS 铣削"对话框的"机床坐标系"区域中单击"CSYS"对话框按钮 ，系统弹出"CSYS"对话框,确认在"类型"下拉列表中选择"自动判断"选项,由于零件是一个对称的规则几何体,所以选定零件的顶面,单击"确定"按钮,机床坐标系移动到顶平面中心。完成图 5-6 所示机床坐标系的创建,之后系统返回到"MCS 铣削"对话框。

图 5-5　"MCS 铣削"对话框

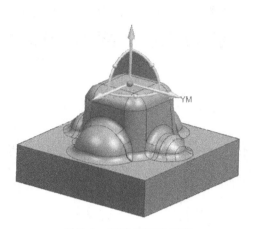

图 5-6　创建机床坐标系

步骤 3：创建安全平面。

① 在"MCS 铣削"对话框"安全设置"区域的"安全设置选项"下拉列表中选择"平面"选项，单击"平面对话框"按钮 ，系统弹出"平面"对话框。

② 选取图 5-7 所示的顶表面，在"偏置"区域的"距离"文本框中输入"10.0"，单击"确定"按钮，系统返回到"MCS 铣削"对话框，完成如图 5-7 所示的安全平面的创建。

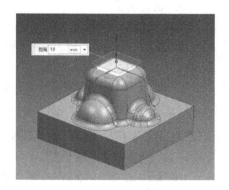

图 5-7　创建安全平面

（2）创建部件几何体

步骤 1：在工序导航器中双击"MCS_MILL"节点下的"WORKPIECE"，系统弹出"工件"对话框。

步骤 2：选取部件几何体。单击"选择或编辑部件几何体"按钮 ，系统弹出"部件几何体"对话框。

步骤 3：在图形区选取整个零件为部件几何体，如图 5-8 所示。在"部件几何体"对话框中单击"确定"按钮，完成部件几何体的创建，同时系统返回"工件"对话框。

（3）创建毛坯几何体

步骤 1：在"工件"对话框中单击"毛坯几何体"按钮 ，系统弹出"毛坯几何体"对话框。

步骤 2：在"类型"下拉列表中选择"包容块"选

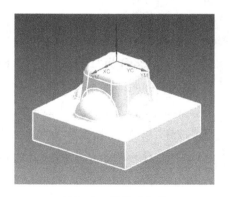

图 5-8　部件几何体

项,在"限制"区域设置符合要求的参数,如图5-9所示。

步骤3:单击"确定"按钮,系统返回到"工件"对话框,完成图5-10所示的毛坯几何体的创建。

步骤4:单击"确定"按钮,完成毛坯几何体的创建。

图 5-9　"毛坯几何体"对话框

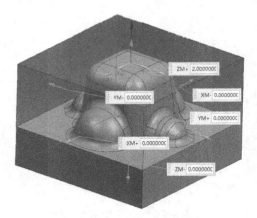

图 5-10　毛坯几何体

3. 创建刀具

（1）创建刀具1

步骤1:在工具条"导航器"模块中选择"创建刀具"命令,系统弹出"创建刀具"对话框。

步骤2:确定刀具类型。在"类型"下拉列表中选择"mill_contour"选项;在"刀具子类型"区域单击"铣削""MILL"按钮 ![刀具图标];在"位置"区域的"刀具"下拉列表中选择"GENERIC_MACHINE"选项;在"名称"文本框中输入"D16R2";然后单击"确定"按钮,系统弹出"铣刀-5参数"对话框。

步骤3:设置刀具参数。在"铣刀-5参数"对话框的"(D)直径"文本框中输入"16.0",在"(R1)下半径"文本框中输入"2.0",其他参数采用系统默认的设置值。单击"确定"按钮,完成刀具1的创建。

（2）创建刀具2

设置刀具类型为"mill_contour","刀具子类型"为"MILL"类型(单击"立铣刀"按钮 ![立铣刀图标]),刀具名称为"D8R0",刀具"(D)直径"值为"8.0",具体操作方法参照创建刀具1。

（3）创建刀具3

设置刀具类型为"mill_contour","刀具子类型"为 BALL_MILL 类型(单击"球头铣刀"按钮 ![球头铣刀图标]),刀具名称为"D8",刀具"(D)直径"值为"8.0",刀具"(R1)下半径"值为"4.0",具体操作方法见创建刀具1步骤1。

5.3.2 型腔铣——粗铣加工

（1）创建工序

步骤1：在工具条"导航器"模块中选择"创建工序"命令，系统弹出"创建工序"对话框。

步骤2：确定加工方法。在"创建工序"对话框的"类型"下拉列表中选择"mill_contour"选项；在"工序子类型"区域中单击"型腔铣"按钮 ；在"程序"下拉列表中选择"PROGRAM"选项；在"刀具"下拉列表中选择"D8R0（铣刀-5参数）"选项；在"几何体"下拉列表中选择"WORK-PIECE"选项；在"方法"下拉列表中选择"MILL_ROUGH"选项；采用系统默认名称。

步骤3：在"创建工序"对话框中单击"确定"按钮，系统弹出如图5-11所示的"型腔铣"对话框。

（2）设置刀具路径参数

在"型腔铣"对话框的"切削模式"下拉列表中选择"跟随周边"选项。在"步距"下拉列表中选择"刀具平直百分比"选项，在"平面直径百分比"文本框中输入值"50.0"，在"公共每刀切削深度"下拉列表中选择"恒定"选项，然后在"最大距离"文本框中输入值"3.0"。

（3）设置切削参数

步骤1：单击"型腔铣"对话框"刀轨设置"区域中的"切削参数"按钮 ⟋，系统弹出"切削参数"对话框。

步骤2：单击"策略"选项卡，设置参数，如图5-12所示。

步骤3：单击"连接"选项卡，设置参数，如图5-13所示；单击"确定"按钮，系统返回"型腔铣"对话框。

图 5-11 "型腔铣"对话框

图 5-12　"策略"选项卡　　　　　图 5-13　"连接"选项卡

（4）设置非切削移动参数

步骤 1：单击"型腔铣"对话框中的"非切削参数"按钮 ▨ ，系统弹出"非切削移动"对话框。

步骤 2：单击"非切削移动"对话框中的"进刀"选项卡，其参数的设置如图 5-14 所示，其他选项卡中的参数设置值采用系统默认值。单击"确定"按钮，完成非切削移动参数的设置。

（5）设置进给率和速度

步骤 1：单击"型腔铣"对话框中的"进给率和速度"按钮 ♣ ，系统弹出"进给率和速度"对话框。

步骤 2：选中"主轴速度"区域中的"主轴速度（rpm）"复选框，在其后的文本框中输入值"1 000.0"，在"进给率"区域的"切削"文本框中输入值"250.0"，按【Enter】键，然后单击"计算" ▤ 按钮，其他参数采用系统默认设置值，如图 5-15 所示。

步骤 3：单击"进给率和速度"对话框中的"确定"按钮，系统返回"型腔铣"对话框。

图 5-14　"非切削移动"对话框　　　　图 5-15　"进给率和速度"对话框

（6）生成刀路轨迹并仿真

步骤 1：在"型腔铣"对话框中单击"生成"按钮 ，在图形区生成图 5-16 所示的刀路轨迹。

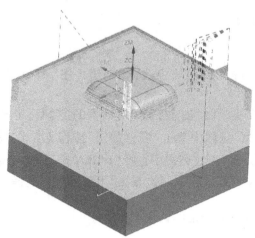

图 5-16　刀路轨迹

步骤 2：在图形区通过旋转、平移、放大视图，再单击"重播"按钮 重新显示路径，可以从不同角度对刀路轨迹进行查看，以判断其路径是否合理。

步骤 3：单击"确认"按钮 ，系统弹出图 5-17 所示的"刀轨可视化"对话框。

步骤 4：使用 2D 动态仿真。单击"2D 动态"选项卡，采用系统默认设置值，调整动画速度后单击"播放"按钮 ▶ ，即可演示 2D 动态仿真加工，完成演示后的模型如图 5-18 所示，仿真完成后单击"确定"按钮，完成仿真操作。

步骤 5：单击"确定"按钮，完成操作。

图 5-17　"刀轨可视化"对话框

图 5-18　2D 仿真效果

5.3.3　底壁加工 1

（1）创建工序

步骤 1：在工具条"导航器"模块中选择"创建工序"命令，系统弹出"创建工序"对话框。

步骤 2：确定加工方法。在"创建工序"对话框的"类型"下拉列表中选择"mill_planar"选项，在"工序子类型"区域中单击"底壁加工"按钮 ，在"程序"下拉列表中选择"PROGRAM"选项，在"刀具"下拉列表中选择"D8R0（铣刀-5 参数）"选项，在"几何体"下拉列表中选择"WORKPIECE"选项，在"方法"下拉列表中选择"MILL_FINISH"选项，采用系统默认名称。

步骤 3：在"创建工序"对话框中单击"确定"按钮，系统弹出"底壁加工"对话框。

（2）指定切削区域

步骤 1：在"几何体"区域中单击"选择或编辑切削区域几何体"按钮 ，系统弹出"切削区域"对话框。

步骤 2：选取图 5-19 所示的面为切削区域，单击

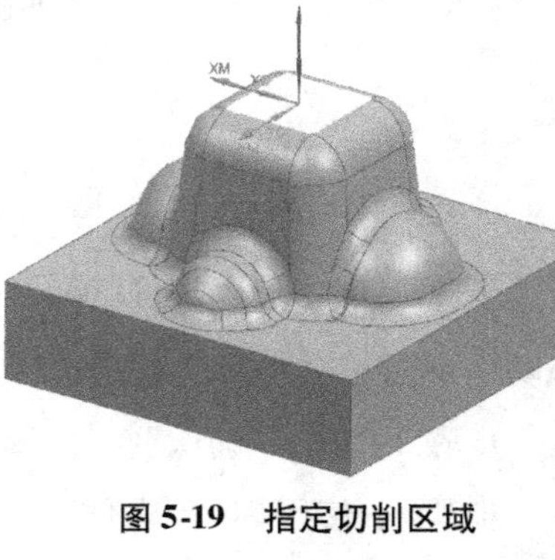

图 5-19　指定切削区域

"确定"按钮,完成切削区域的创建,同时系统返回到"底壁加工"对话框。

步骤 3:在"几何体"区域中选中"自动壁"复选框,单击"指定壁几何体"区域中的检查按钮  查看壁几何体。

（3）设置刀具路径参数

步骤 1:设置切削模式。在"刀轨设置"区域的"切削模式"下拉列表中选择"跟随周边"选项。

步骤 2:设置步进方式。在"步距"下拉列表中选择"刀具平直百分比"选项,在"平面直径百分比"文本框中输入"50.0",在"每刀切削深度"文本框中输入"0.5"。

（4）设置切削参数

单击"底壁加工"对话框"刀轨设置"区域中的"切削参数"按钮 ,系统弹出"切削参数"对话框。单击"空间范围"选项卡,设置参数如图 5-20 所示,其他参数采用系统默认设置值。

（5）设置非切削移动参数

步骤 1:单击"底壁加工"对话框"刀轨设置"区域中的"非切削移动"按钮 ,系统弹出"非切削移动"对话框。

步骤 2:单击"非切削移动"对话框中的"转移/快速"选项卡,按图 5-21 所示设置参数;单击"确定"按钮,完成非切削移动参数的设置。

图 5-20　"空间范围"选项卡

图 5-21　"转移/快速"选项卡

（6）设置进给率和速度

步骤1：单击"底壁加工"对话框中的"进给率和速度"按钮 ⚑，系统弹出"进给率和速度"对话框。

步骤2：选中"主轴速度"区域中的"主轴速度（rpm）"复选框，在其后的文本框中输入"2 000.0"，在"进给率"区域的"切削"文本框中输入"250.0"，按【Enter】键，然后单击计算按钮 ▤，其他参数采用系统默认设置。

步骤3：单击"进给率和速度"对话框中的"确定"按钮，系统返回"底壁加工"对话框。

（7）生成刀路轨迹并仿真

生成的刀路轨迹如图5-22所示，2D动态仿真加工后的模型如图5-23所示。

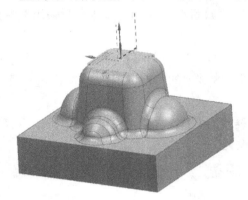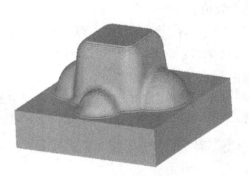

图5-22　刀路轨迹　　　　　图5-23　2D动态仿真效果

5.3.4　底壁加工2

（1）创建工序

步骤1：在工具条"导航器"模块中选择"创建工序"命令，系统弹出"创建工序"对话框。

步骤2：确定加工方法。在"创建工序"对话框的"类型"下拉列表中选择"mill_con-tour"选项，在"工序子类型"区域中单击"底壁加工"按钮 ⊔，在"程序"下拉列表中选择"PROGRAM"选项，在"刀具"下拉列表中选择"D8R0（铣刀－5参数）"选项，在"几何体"下拉列表中选择"WORKPIECE"选项，在"方法"下拉列表中选择"MILL_FINISH"选项，采用系统默认名称。

步骤3：在"创建工序"对话框中单击"确定"按钮，系统弹出"底壁加工"对话框。

（2）指定切削区域

步骤1：在"几何体"区域中单击"选择或编辑切削区域几何体"按钮 ▥，系统弹出"切削区域"对话框。

步骤2：选取图5-24所示的面为切削区域，单击"确定"按钮，完成切削区域的创建，同时系统返回"底壁加工"对话框。

步骤 3：在"几何体"区域中选中"自动壁"复选框，单击"指定壁几何体"区域中的检查按钮 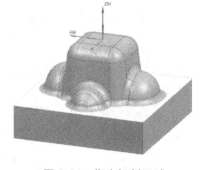 以查看壁几何体。

（3）设置刀具路径参数

步骤 1：设置切削模式。在"刀轨设置"区域的"切削模式"下拉列表中选择"跟随周边"选项。

步骤 2：设置步进方式。在"步距"下拉列表中选择"刀具平直百分比"选项，在"平面直径百分比"文本框中输入"50.0"，在"底面毛坯厚度"文本框中输入值"1"在"每刀切削深度"文本框中输入"0.5"。

图 5-24　指定切削区域

（4）设置切削参数

采用系统默认的切削参数设置。

（5）设置非切削移动参数

采用系统默认的非切削移动参数设置。

（6）设置进给率和速度

步骤 1：单击"底壁加工"对话框中的"进给率和速度"按钮 ，系统弹出"进给率和速度"对话框。

步骤 2：选中"主轴速度"区域中的"主轴速度（rpm）"复选框，在其后的文本框中输入"2 000.0"，在"进给率"区域的"切削"文本框中输入"250.0"，按【Enter】键，然后单击计算按钮 ，其他参数采用系统默认设置。

步骤 3：单击"进给率和速度"对话框中的"确定"按钮，系统返回"底壁加工"对话框。

（7）生成刀路轨迹并仿真

生成的刀路轨迹如图 5-25 所示，2D 动态仿真加工后的模型如图 5-26 所示。

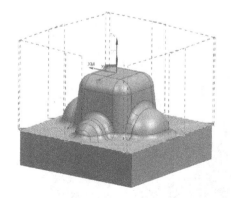

图 5-25　刀路轨迹

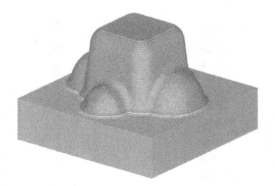

图 5-26　2D 动态仿真效果

5.3.5　等高轮廓铣

（1）创建工序

步骤1：在工具条"导航器"模块中选择"创建工序"命令，系统弹出"创建工序"对话框。

步骤2：确定加工方法。在"创建工序"对话框的"类型"下拉列表中选择"mill_contour"选项，在"工序子类型"区域中单击"深度轮廓加工"按钮 ，在"程序"下拉列表中选择"PROGRAM"选项，在"刀具"下拉列表中选择"D8（球头铣刀）"选项，在"几何体"下拉列表中选择"WORKPIECE"选项，在"方法"下拉列表中选择"MILL_FINISH"选项，采用系统默认名称。

步骤3：在"创建工序"对话框中单击"确定"按钮，系统弹出图5-27所示的"深度轮廓加工"对话框。

（2）指定切削区域

步骤1：单击"深度轮廓加工"对话框中的"选择或编辑切削区域几何体"按钮 ，系统弹出"切削区域"对话框。

步骤2：在图形区中选取图5-28所示的面为切削区域，单击"确定"按钮，完成切削区域的创建，同时系统返回"深度轮廓加工"对话框。

图5-27　"深度轮廓加工"对话框

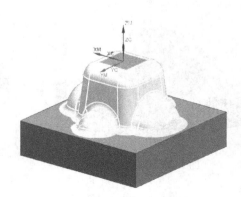

图5-28　指定切削区域

（3）设置刀具路径参数和切削层

步骤 1：设置刀具路径参数。在"深度轮廓加工"对话框的"合并距离"文本框中输入"2.0"，在"最小切削长度"文本框中输入"1.0"，在"公共每刀切削深度"下拉列表中选择"恒定"选项，然后在"最大距离"文本框中输入"0.2"。

步骤 2：设置切削层。单击"切削层"按钮 ，系统弹出如图 5-29 所示的"切削层"对话框。单击"范围定义"区域中的"添加新集"按钮，菜单显示一条新选项，然后在图形区零件的曲率变化大的地方单击，确定分层位置，在"每刀切削深度"位置设置当前区域的每刀切削深度，并可以通过图形区零件图上显示的箭头进行调整，直到满足要求。按照需要进行分层设置，最大限度地合理设置刀路，如图 5-30 所示，其他参数采用系统默认设置。单击"确定"按钮，系统返回"深度轮廓加工"对话框。

图 5-29　"切削层"对话框

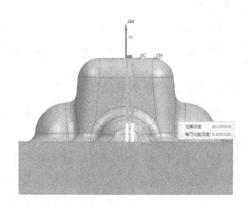

图 5-30　切削层设置

（4）设置切削参数

步骤 1：单击"深度轮廓加工"对话框中的"切削参数"按钮，系统弹出"切削参数"对话框。

步骤2：单击"策略"选项卡，设置参数如图5-31所示。

步骤3：单击"连接"选项卡，设置参数如图5-32所示。其他选项卡中的参数设置采用系统默认值。单击"确定"按钮，系统返回"深度轮廓加工"对话框。

图5-31　"策略"选项卡

图5-32　"连接"选项卡

（5）设置非切削移动参数

步骤1：单击"深度轮廓加工"对话框中的"非切削移动"按钮，系统弹出"非切削移动"对话框。

步骤2：单击"非切削移动"对话框中的"进刀"选项卡，其参数的设置如图5-33所示，其他选项卡中的参数设置采用系统默认值。单击"确定"按钮，完成非切削移动参数的设置。

（6）设置进给率和速度

步骤1：单击"深度轮廓加工"对话框中的"进给率和速度"按钮，系统弹出"进给率和速度"对话框。

步骤2：选中"主轴速度"区域中的"主轴速度（rpm）"复选框，在其后的文本框中输入"1 500.0"，在"进给率"区域的"切削"文本框中输入"600.0"，按【ENT】键，然后单击"计算"按钮，其他的参数设置如图5-34所示。

图 5-33　"非切削移动"对话框

图 5-34　"进给率和速度"对话框

步骤 3：单击"进给率和速度"对话框中的"确定"按钮，系统返回"深度轮廓加工"对话框。

（7）生成刀路轨迹并仿真

步骤 1：在"深度轮廓加工"对话框中单击"生成"按钮 ，在图形区生成如图 5-35 所示的刀路轨迹。

步骤 2：在图形区通过旋转、平移、放大视图，再单击"重播"按钮 重新显示路径，可以从不同角度对刀路轨迹进行查看，以判断其路径是否合理。

步骤 3：单击"确认"按钮 ，系统弹出"刀轨可视化"对话框。

步骤 4：使用 2D 动态仿真。单击"2D 动态"选项卡，采用系统默认设置值。调整动画速度后单击"播放"按钮 ，即可演示 2D 动态仿真加工。完成演示后的模型如图5-36 所示。仿真完成后单击"确定"按钮，完成仿真操作。

步骤 5：单击"确定"按钮，完成操作。

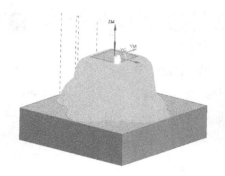

图 5-35 刀路轨迹

图 5-36 2D 动态仿真效果

5.4 轮廓铣加工程序

5.4.1 型腔铣加工程序

（1）生成型腔铣加工程序

步骤 1：在程序顺序视图中移动光标到工序导航器"FLOOR_WALL"上右击，显示下拉菜单，单击"后处理"选项，系统弹出图 5-37 所示的"后处理"对话框。

步骤 2：在"后处理器"下拉列表中选择"DMU60"选项，在"输出文件"区域"文件名"文本框中设置程序保存位置，其他参数设置值采用系统的默认值。单击"确定"按钮完成操作，系统弹出如图 5-38 所示的"信息"对话框。

图 5-37 "后处理"对话框

图 5-38 "信息"对话框

（2）型腔铣加工程序

1 BEGIN PGM 100 MM

2 BLK FORM 0.1 Z X0.0 Y0.0 Z −20.

3 BLK FORM 0.2 X100. Y100. Z0.0

4 CYCL DEF 247 DATUM SETTING　Q339 = +1　　　;DATUM NUMBER

5 L Z −1 FMAX M91

6 L B0.0 C0.0 FMAX

7 LBL 100

8 CYCL DEF 7.0 DATUM SHIFT

9 CYCL DEF 7.1 X0.000

10 CYCL DEF 7.2 Y0.000

11 CYCL DEF 7.3 Z0.000

12 PLANE RESET STAY

13 L Z −1 FMAX M91

14 LBL 0

　⋮

3000 L Y −14.555

3001 L X −94.177 Y −13.69

3002 L X −88.178 Y −13.573

3003 CC X −45.633 Y0.0

3004 C X −85.369 Y −20.381 DR +

3005 CC X −54.497 Y −4.481

3006 C X −56.163 Y −39.167 DR +

3007 CC X −57.012 Y −40.436

　⋮

1265 L Z50. FMAX

1266 PLANE RESET STAY

1267 CALL LBL 200

1268 M9

1269 L B0.0 C0.0 FMAX

1270 M30

1271 END PGM 100 MM

1272;Total Machining Time:1341.00 MIN

5.4.2　底壁加工 1 程序

（1）生成底壁加工 1 程序

步骤 1：在程序顺序视图中移动光标到工序导航器"FLOOR_WALL"上并右击，将显示下拉菜单，单击"后处理"选项，系统弹出图 5-39 所示的"后处理"对话框。

步骤2：在"后处理器"下拉列表中选择"DMU60"选项，在"输出文件"区域"文件名"文本框中设置程序保存位置，其他参数设置采用系统的默认值。单击"确定"按钮完成操作，系统弹出如图5-40所示的"信息"对话框。

图 5-39 "后处理"对话框

图 5-40 "信息"对话框

（2）底壁加工1程序

1 BEGIN PGM 100 MM

2 BLK FORM 0.1 Z X0.0 Y0.0 Z –20.

3 BLK FORM 0.2 X100. Y100. Z0.0

4 CYCL DEF 247 DATUM SETTING　Q339 = +1　　　;DATUM NUMBER

5 L Z –1 FMAX M91

6 L B0.0 C0.0 FMAX

7 LBL 100

8 CYCL DEF 7.0 DATUM SHIFT

9 CYCL DEF 7.1 X0.000

10 CYCL DEF 7.2 Y0.000

11 CYCL DEF 7.3 Z0.000

12 PLANE RESET STAY

13 L Z –1 FMAX M91

14 LBL 0

⋮

245 L X24.389

246 CC X24.614 Y –24.607

247 C X33.869 Y –24.281 DR +

248 L X33.865 Y24.387

249 CC X24.606 Y24.613

250 C X24.281 Y33.869 DR +

251 L X –24.389 Y33.865

252 CC X –24.614 Y24.607

253 C X –33.869 Y24.281 DR +

⋮

482 L Z50. FMAX

483 PLANE RESET STAY

484 CALL LBL 200

485 M9

486 L B0.0 C0.0 FMAX

487 M30

488 END PGM 100 MM

489；Total　Machining　Time：21.22 MIN

5.4.3　底壁加工 2 程序

（1）生成底壁加工 2 程序

步骤 1：在程序顺序视图中移动光标到工序导航器"FLOOR_WALL"上并右击，将显示下拉菜单，单击"后处理"选项，系统弹出图 5-41 所示的"后处理"对话框。

步骤 2：在"后处理器"下拉列表中选择"DMU60"选项，在"输出文件"区域"文件名"文本框中设置程序保存位置，其他参数设置值采用系统的默认值。单击"确定"按钮，完成操作，系统弹出如图 5-42 所示的"信息"对话框。

图 5-41　"后处理"对话框

图 5-42 "信息"对话框

（2）底壁加工 2 程序

1 BEGIN PGM 100 MM

2 BLK FORM 0.1 Z X0.0 Y0.0 Z −20.

3 BLK FORM 0.2 X100. Y100. Z0.0

4 CYCL DEF 247 DATUM SETTING   Q339 = +1   ;DATUM NUMBER

5 L Z −1 FMAX M91

6 L B0.0 C0.0 FMAX

7 LBL 100

8 CYCL DEF 7.0 DATUM SHIFT

9 CYCL DEF 7.1 X0.000

10 CYCL DEF 7.2 Y0.000

11 CYCL DEF 7.3 Z0.000

12 PLANE RESET STAY

13 L Z −1 FMAX M91

14 LBL 0

　⋮

640 CC X −.063 Y56.547

641 C X9.618 Y98.207 DR −

642 CC X2.984 Y71.116

643 C X21.091 Y92.331 DR −

644 L X26.219 Y87.726

645 L X30.201 Y84.036

646 L X31.682 Y82.515

647 CC X12.4 Y65.047

648 C X38.419 Y65.132 DR −

　⋮

1554 L Z50. FMAX

1555 PLANE RESET STAY

1556 CALL LBL 200

1557 M9

1558 L B0.0 C0.0 FMAX

1559 M30

1560 END PGM 100 MM

1561；Total Machining Time：38. 90 MIN

5.4.4　等高轮廓铣加工程序

（1）生成等高轮廓铣加工程序

步骤 1：在程序顺序视图中移动光标到工序导航器"mill_contour"上并右击，显示下拉菜单，单击"后处理"选项，系统弹出如图 5-43 所示的"后处理"对话框。

步骤 2：在"后处理器"下拉列表中选择"DMU60"选项，在"输出文件"区域"文件名"文本框中设置程序保存位置，其他参数设置值采用系统的默认值。单击"确定"按钮，完成操作，系统弹出如图 5-44 所示的"信息"对话框。

图 5-43　"后处理"对话框

图 5-44　"信息"对话框

（2）等高轮廓铣加工程序

1 BEGIN PGM 100 MM

2 BLK FORM 0.1 Z X0.0 Y0.0 Z −20.

3 BLK FORM 0.2 X100. Y100. Z0.0

4 CYCL DEF 247 DATUM SETTING　Q339 = +1；DATUM NUMBER

5 L Z −1 FMAX M91

6 L B0.0 C0.0 FMAX

7 LBL 100

8 CYCL DEF 7.0 DATUM SHIFT

9 CYCL DEF 7.1 X0.000

10 CYCL DEF 7.2 Y0.000

11 CYCL DEF 7.3 Z0.000

12 PLANE RESET STAY

13 L Z −1 FMAX M91

14 LBL 0

⋮

7925 C X −4.492 Y68.625 DR −

7926 L X −4.109 Y68.841

7927 CC X.011 Y61.54

7928 C X4.512 Y68.612 DR −

7929 CC X1.991 Y64.65

7930 C X6.672 Y65.029 DR −

7931 L Y57.064

7932 CC X9.818 Y57.742

7933 C X8.236 Y54.939 DR +

7934 CC X20.128 Y74.228

⋮

1808 L Z50. FMAX

1809 PLANE RESET STAY

1810 CALL LBL 200

1811 M9

1812 L B0.0 C0.0 FMAX

1813 M30

1814 END PGM 100 MM

1815；Total Machining Time：447.06 MIN

5.5　DMU 60 轮廓铣加工

5.5.1　轮廓铣加工原理、特点及注意事项

1. 轮廓铣加工原理

在固定轴轮廓加工中，先由驱动几何体产生驱动点，并按投影方向投影到部件几何体上，得到投影点，刀具在该点处与部件几何体接触点，系统根据接触点位置的表面曲率半径、刀具半径等因素，计算得到刀具定位点，如图 5-55 所示。最后，当刀具在部件几何体表面从一个接触点移动到下一个接触点，如此重复，就形成了刀轨，这就是固定轴铣刀轨产生的原理。固定轴区域铣削适用于加工平坦的曲面操作，常用于复杂曲面的半精加工与精加工。

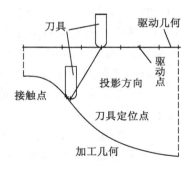

图 5-55　轮廓铣加工原理

2. 轮廓铣加工特点

轮廓铣操作可移除平面层中的大量原料，由于在铣削后会残留余料，因此轮廓铣常

用于在精加工操作之前对材料进行粗铣。轮廓铣多用于切削具有带锥度的壁,以及轮廓底部面的部件。

3. 轮廓铣加工注意事项

(1)粗铣

粗铣时应根据被加工曲面给出的余量,用立铣刀按等高面一层一层地铣削,这种粗铣效率高。粗铣后的曲面类似于山坡上的梯田。台阶的高度视粗铣精度而定。

(2)半精铣

半精铣的目的是铣掉"梯田"的台阶,使被加工表面更接近于理论曲面,采用球头铣刀一般为精加工工序留出 0.5 mm 左右的加工余量。半精加工的行距和步距可比精加工大。

(3)精加工

精加工时最终加工出理论曲面。用球头铣刀精加工曲面时,一般采用行切法。对于开敞性比较好的零件而言,行切的折返点应选在曲表的外面,即在编程时,应把曲面向外延伸一些。对开敞性不好的零件表面,由于折返时,切削速度的变化,很容易在已加工表面上及阻挡面上,留下由停顿和振动产生的刀痕。所以在加工和编程时,一是要在折返时降低进给速度;二是在编程时,被加工曲面折返点应稍离开阻挡面,对曲面与阻挡面相贯线应单做一个清根程序另外加工,这样就会使被加工曲面与阻挡面光滑连接,而不致产生很大的刀痕。

(4)球头铣刀在铣削曲面

其刀尖处的切削速度很低,如果用球刀垂直于被加工面铣削比较平缓的曲面时,球刀刀尖切出的表面质量比较差,所以应适当地增大主轴转速,另外还应避免用刀尖切削。

(5)避免垂直下刀

平底圆柱铣刀有两种,一种是端面有顶尖孔,其端刃不过中心;另一种是端面无顶尖孔,端刃相连且过中心。在铣削曲面时,有顶尖孔的端铣刀绝对不能像钻头似的向下垂直进刀,除非预先钻有工艺孔。否则会把铣刀顶断。用无顶尖孔的端刀时可以垂直向下进刀,但由于刀刃角度太小,轴向力很大,所以也应尽量避免。最好的办法是向斜下方进刀,进到一定深度后再用侧刃横向切削。在铣削凹槽面时,可以预钻出工艺孔以便下刀。用球头铣刀垂直进刀的效果虽然比平底的端铣刀要好,但也因轴向力过大、影响切削效果的缘故,最好不采用这种下刀方式。

(6)铣削曲面零件

如果发现零件材料热处理不好、有裂纹、组织不均匀等现象时,应及时停止加工,以免浪费工时。

(7)在铣削模具型腔比较复杂的曲面

一般需要较长的周期,因此,在每次开机铣削前应对机床、夹具、刀具进行适当的检查,以免在中途发生故障,影响加工精度,甚至造成废品。

(8)在模具型腔铣削

应根据加工表面的粗糙度适当掌握修锉余量。对于铣削比较困难的部位,如果加工表面粗糙度较差,应适当多留些修锉余量;而对于平面、直角沟槽等容易加工的部位,应尽量减小加工表面粗糙度,减少修锉工作量,避免因大面积修锉而影响型腔曲面的精度。

5.5.2　轮廓铣加工步骤

步骤 1:将工件装夹到加工中心工作台上的工装上。

步骤 2:用红宝石探头进行坐标系的创建,必须与零件在 UG 软件中设置的机床坐标系重合。

步骤 3:将程序通过 U 盘输入加工中心电脑中,并适当修改其中相关的参数。

步骤 4:将所需要的刀具放入刀库,并进行相应参数的设置。

步骤 5:首次加工时,先进行程序的试运行,确定程序无误后再进行试切,试切时,应采用单段运行方式,并降低进给率和快进速度,防止撞刀,当一切运行正常之后再采取自动运行方式加工。加工时,根据刀片材料,在需要时加切削液或者采用风冷,但不能在刀具进行铣削时或刀具发热时进行冷却,这样容易损坏刀具。

步骤 6.等程序运行完之后测量工件尺寸,如有偏差则进行刀补或对程序进行修改。

第6章　多轴加工

6.1　概　述

　　多轴加工是指使用运动轴数为四轴或五轴以上的机床进行的数控加工,具有加工结构和程序复杂、控制精度高等特点。多轴加工适用于复杂的曲面、斜轮廓及不同平面上的孔系等。由于在多轴加工过程中刀具和工件的位置是随时调整的,刀具与工件能达到最佳切削状态,可提高机床的加工效率,提高复杂机械零件的加工精度,因此,多轴加工在制造业中发挥着重要的作用。在多轴加工中,五轴加工应用范围最为广泛。所谓五轴加工,是指一台机床上至少有 5 个运动轴(3 个直线轴和 2 个旋转轴),而且可以在计算机数控系统(CNC)的控制下协调运动进行加工。五轴联动数控技术对工业制造,特别是对航空航天、军事工业有重要影响。由于其特殊的地位,国际上把五轴联动数控技术作为衡量一个国家生产设备自动化水平的标志。

6.2　多轴加工实例分析

　　图 6-1 所示的零件为本章多轴加工的实例,通过对实例的加工前准备、程序编制、加工中心加工等一系列完整加工过程来详细介绍多轴加工的一般步骤。

　　① 通过图纸或参数,在 NX 10.0 的建模界面绘制零件的三维图。

　　② 进入 NX 10.0 的加工环境。选择下拉菜单"分析"→"NC 助理"命令,系统弹出如图 6-2 所示的"NC 助理"对话框。在对话框弹出后,框选图形;在"分析类型"下拉表中选择"拐角"选项;在"操作"区域单击"分析几何体"按钮 ;在"结果"区域单击"信息"按钮,系统弹出如图 6-3 所示的"信息"对话框。在该对话框中显示了零件上的拐角个数及每个拐角的角度,可以根据这些数据准备相应刀具。

图 6-1　实例

图 6-2 "NC 助理"对话框

图 6-3 "信息"对话框

6.2.1 工序制定

该零件的加工工艺路线如图 6-4 所示。

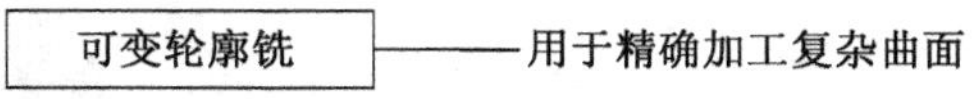

可变轮廓铣 ——— 用于精确加工复杂曲面

图 6-4 可变轮廓铣加工工艺路线

6.2.2 刀具准备

根据"NC 助理"得出的结论可知,零件最小的外拐角的半径尺寸为 10 mm,无内拐角,所以在加工时对刀具半径没有要求。

加工所用刀具:D12(球头铣刀)。

6.2.3　切削参数

切削参数见表 6-1。

表 6-1　切削参数

加工工序	转速/(r/min)	切削量/(mm/r)
可变轮廓铣	2 000	300

6.3　程序编制

6.3.1　程序编制前准备

1．打开模型文件并进入加工环境

步骤 1：打开模型文件。

步骤 2：进入加工环境。选择下拉菜单"启动"→"加工"命令,系统弹出"加工环境"对话框;在"加工环境"对话框的"CAM 会话配置"列表框中选择"cam_general"选项;在"要创建的 CAM 设置"列表框中选择"mill_multi-axis"选项。单击"确定"按钮,进入加工环境。

2．创建几何体

（1）创建机床坐标系和安全平面

步骤 1：进入几何视图。在工具条"导航器"模块中选择"几何视图"命令,在"工序导航器"中双击"MCS",系统弹出如图 6-5 所示的"MCS 铣削"对话框。

步骤 2：创建机床坐标系。在"MCS 铣削"对话框的"机床坐标系"区域中单击"CSYS"对话框按钮 ,系统弹出"CSYS"对话框,在"类型"下拉列表中选择"自动判断"选项,选定零件的顶面,单击"确定"按钮。完成如图 6-6 所示机床坐标系的创建之后,系统返回"MCS 铣削"对话框。

图 6-5　"MCS 铣削"对话框

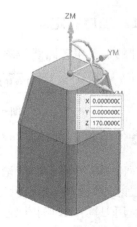

图 6-6　创建机床坐标系

步骤 3：创建安全平面。

① 在"MCS 铣削"对话框"安全设置"区域的"安全设置选项"下拉列表中选择"平面"选项，单击"平面对话框"按钮 ，系统弹出"平面"对话框。

② 选取图 6-7 所示的顶表面，在"偏置"区域的"安全距离"文本框中输入"10.0"，单击"确定"按钮，系统返回"MCS 铣削"对话框，完成图 6-7 所示的安全平面的创建。

（2）创建部件几何体

步骤 1：在工序导航器中双击"MCS"节点下的"WORK-PIECE"，系统弹出"工件"对话框。

步骤 2：选取部件几何体。单击"选择或编辑部件几何体"按钮 ，系统弹出"部件几何体"对话框。在图形区选取整个零件为部件几何体。

图 6-7　创建安全平面

步骤 3：单击"确定"按钮，完成部件几何体的创建，同时系统返回"工件"对话框。

（3）创建毛坯几何体

步骤 1：在"工件"对话框中单击 按钮，系统弹出"毛坯几何体"对话框。

步骤 2：在"类型"下拉列表中选择"包容块"选项，在"限制"区域设置符合要求的参数，如图 6-8 所示。

步骤 3：单击"确定"按钮，系统返回到"工件"对话框。

步骤 4：单击"确定"按钮，完成毛坯几何体的创建。

3．创建刀具

步骤 1：在工具条"导航器"模块中选择"创建刀具"命令，系统弹出图 6-9 所示的"创建刀具"对话框。

图 6-8　"毛坯几何体"对话框

步骤 2：确定刀具类型。在"类型"下拉列表中选择"mill_multi-axis"选项，在"刀具子类型"区域单击"BALL_MILL"按钮 ，在"位置"区域的"刀具"下拉列表中选择"GENERIC_MACHINE"选项，在"名称"文本框中输入"D12"，然后单击"确定"按钮，系统弹出图 6-10 所示的"铣刀-球头铣"对话框。

步骤 3：设置刀具参数。按图 6-10 所示进行刀具参数设置，单击"确定"按钮，完成刀具的创建。

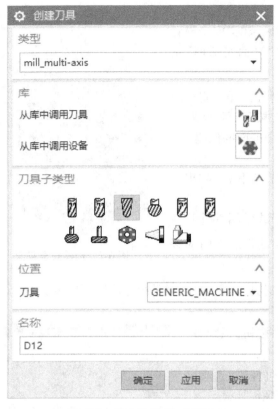

图 6-9　"创建刀具"对话框　　　　图 6-10　"铣刀-球头铣"对话框

6.3.2　可变轮廓铣

（1）创建工序

步骤 1：在工具条"导航器"模块中选择"创建工序"命令，系统弹出"创建工序"对话框。

步骤 2：确定加工方法。在"创建工序"对话框的"类型"下拉列表中选择"MCS"选项，在"工序子类型"区域中单击"可变轮廓铣"按钮 ，在"程序"下拉列表中选择"PROGRAM"选项，在"刀具"下拉列表中选择"D12（铣刀-球头铣）"选项，在"几何体"下拉列表中选择"WORKPIECE"选项，在"方法"下拉列表中选择"MILL_FINISH"选项，采用系统默认名称。

步骤 3：在"创建工序"对话框中单击"确定"按钮，系统弹出如图 6-11 所示的"可变轮廓铣"对话框。

（2）设置驱动方法

步骤 1：在"可变轮廓铣"对话框"驱动方法"区域中的"方法"下拉列表中选择"曲面"选项，系统弹出如图 6-12 所示的"曲面区域驱动方法"对话框。

步骤 2：单击"选择或编辑驱动几何体"按钮 ，系统弹出"驱动几何体"对话框，采用系统默认设置值，在图形区选取如图 6-13 所示的曲面，单击"确定"按钮，系统返回"曲面区域驱动方法"对话框。

图 6-11　"可变轮廓铣"对话框

图 6-12　"曲面区域驱动方法"对话框

步骤 3：单击"切削方向"按钮 ，在图形区选取如图 6-14 所示的箭头方向。

步骤 4：单击"材料反向"按钮 ✕，确保材料选取方向如图 6-15 所示。

步骤 5：设置驱动参数。在"切削模式"下拉列表中选择"往复"选项，在"步距"下拉列表中选择"数量"选项，在"步距数"文本框中输入"400.0"，单击"确定"按钮，系统返回到"可变轮廓铣"对话框。

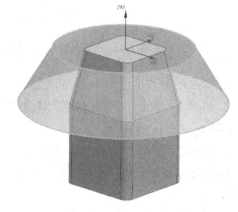

图 6-13　选取驱动曲面

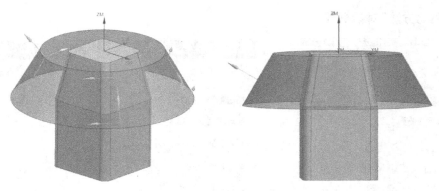

图 6-14　选取切削方向　　　　　　图 6-15　选取材料方向

（3）设置刀轴与投影矢量

步骤 1：设置刀轴。在"可变轮廓铣"对话框"刀轴"区域中的"轴"下拉列表中选择"垂直于驱动体"选项。

步骤 2：设置投影矢量。在"可变轮廓铣"对话框"投影矢量"区域中的"矢量"下拉列表中选择"朝向直线"选项，系统弹出如图 6-16 所示的"朝向直线"对话框；在图形区选取如图 6-17 所示的箭头方向，单击"确定"按钮，系统返回"可变轮廓铣"对话框。

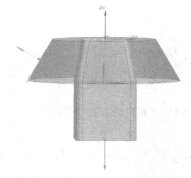

图 6-16　"朝向直线"对话框　　　　图 6-17　指定矢量

（4）设置切削参数

步骤 1：单击"可变轮廓铣"对话框"刀轨设置"区域中的"切削参数"按钮 ⊞，系统弹出"切削参数"对话框。

步骤 2：单击"刀轴控制"选项卡，设置参数如图 6-18 所示，其他选项卡中的参数设置值采用系统默认值，单击"确定"按钮，完成切削参数的设置，系统返回"可变轮廓铣"对话框。

（5）设置非切削移动参数

步骤 1：单击"可变轮廓铣"对话框"刀轨设置"区域中的"非切削移动"按钮 ⊞，系统弹出"非切削移动"对话框。

步骤 2：单击"非切削移动"对话框中的"转移/快速"选项卡，其参数的设置如图 6-19

所示,其他选项卡中的参数设置值采用系统默认值,单击"确定"按钮,完成非切削移动参数的设置,系统返回"可变轮廓铣"对话框。

图6-18　"刀轴控制"选项卡

图6-19　"转移/快速"选项卡

（6）设置进给率和速度

步骤1:单击"可变轮廓铣"对话框中的"进给率和速度"按钮 ，系统弹出"进给率和速度"对话框。

步骤2:选中"主轴速度"区域中的"主轴速度(rpm)"复选框,在其后的文本框中输入"2 000.0",在"进给率"区域的"切削"文本框中输入"300.0",单击"计算"按钮 。

步骤3:单击"进给率和速度"对话框中的"确定"按钮,完成进给率和速度的设置,系统返回到"可变轮廓铣"对话框。

（7）生成刀路轨迹并仿真

步骤1:在"可变轮廓铣"对话框中单击"生成"按钮 ，在图形区生成图6-20所示的刀路轨迹。

步骤2:在图形区通过旋转、平移、放大视图,再单击"重播"按钮 重新显示路径,可以从不同角度对刀路轨迹进行查看,以判断其路径是否合理。

步骤3:单击"确认"按钮 ，系统弹出"刀轨可视化"对话框。

步骤4:使用2D动态仿真。单击"2D动态"选项卡,采用系统默认设置值,调整动画速度后单击"播放"按钮 ，即可演示2D动态仿真加工,完成演示后的模型如图6-21所示,仿真完成后单击"确定"按钮,完成仿真操作。

图 6-20 刀路轨迹

图 6-21 2D 动态仿真效果

6.4 可变轮廓铣加工程序

（1）生成可变轮廓铣加工程序

步骤 1：在程序顺序视图中移动光标到工序导航器"FLOOR_WALL"上右击，系统显示下拉菜单，单击"后处理"选项，弹出图 6-22 所示的"后处理"对话框。

步骤 2：在"后处理器"下拉列表中选择"DMU60"选项，在"输出文件"区域"文件名"文本框中设置程序保存位置，其他参数设置值采用系统的默认值。单击"确定"按钮，完成操作，系统弹出如图 6-23 所示的"信息"对话框。

图 6-22 "后处理"对话框

图 6-23 "信息"对话框

（2）可变轮廓铣加工程序

```
1 BEGIN PGM 100 MM
2 BLK FORM 0.1 Z X0.0 Y0.0 Z −20.
3 BLK FORM 0.2 X100. Y100. Z0.0
4 CYCL DEF 247 DATUM SETTING   Q339 = +0        ;DATUM NUMBER
5 L Z −1 FMAX M91
6 L B0.0 C0.0 FMAX
7 LBL 100
8 CYCL DEF 7.0 DATUM SHIFT
9 CYCL DEF 7.1 X0.000
10 CYCL DEF 7.2 Y0.000
11 CYCL DEF 7.3 Z0.000
12 PLANE RESET STAY
13 L Z −1 FMAX M91
14 LBL 0
   ⋮
4966 L X −37.939 Y12.75 C341.044
4967 L X −37.941 Y12.791 C340.988
4968 L X −37.944 Y12.873 B −59.999 C340.875
4969 L X −37.951 Y13.038 C340.65
4970 L X −37.957 Y13.204 C340.425
4971 L X −37.961 Y13.287 B −60. C340.313
4972 L X −37.963 Y13.328 C340.256
4973 L X −37.964 Y13.37 C340.2
4974 L X −38.379 Y13.518 Z −.875
   ⋮
9016 L X204.312 Z10. FMAX
9017 CYCL DEF 32.0 TOLERANCE
9018 CYCL DEF 32.1
9019 M129
9020 CALL LBL 200
9021 M9
9022 L B0.0 C0.0 FMAX
9023 M30
9024 END PGM 100 MM
9025;Total Machining Time:116.32 MIN
```

6.5　DMU 60 多轴加工

6.5.1　可变轮廓铣加工原理、特点及注意事项

1．可变轮廓铣加工原理

可变轴曲面轮廓铣的加工原理与固定轴曲面轮廓铣的加工原理大致相同,都需要指定驱动几何体,系统将驱动几何上的驱动点沿投影方向投影到零件几何上形成刀路轨迹。不同的是,可变轴曲面轮廓铣增加了对刀轴方向的控制,可以加工比固定轴曲面轮廓铣所加工的对象更为复杂的零件。

2．可变轮廓铣加工特点

可变轴曲面轮廓铣用于比固定轴曲面轮廓铣所加工对象更为复杂的零件的半精加工和精加工。例如利用五轴联动加工中心加工飞机发动机转子叶片。它通过精确控制刀轴和投影矢量,可使刀轴沿着非常复杂的曲面的复杂轮廓移动。

3．可变轮廓铣注意事项

① 用球头铣刀精加工曲面时,一般用行切法。对于敞开性比较好的零件而言,行切的折返点应选在曲表的外面,即在编程时,应把曲面向外延伸一些。对敞开性不好的零件表面,由于折返时,切削速度的变化,很容易在已加工表面上及阻挡面上,留下由停顿和振动产生的刀痕。所以在加工和编程时,一是要在折返时降低进给速度,二是在编程时,被加工曲面折返点应稍离开阻挡面。对曲面与阻挡面相贯线应做一个清根程序另外加工,这样就会使被加工曲面与阻挡面光滑连接,而不致产生很大的刀痕。

② 用球头铣刀在铣削曲面时其刀尖处的切削速度很低,如果用球刀垂直于被加工面铣削比较平缓的曲面时,球刀刀尖切出的表面质量比较差,所以应适当地提高主轴转速,另外还应避免用刀尖切削。

③ 在进行铣削时要注意到刀轴与工件的相对位置,防止两者相撞。

④ 在铣削曲面零件时,如果发现零件材料热处理不好、有裂纹、组织不均匀等现象时,应及时停止加工,以免浪费工时。

6.5.2　可变轮廓铣加工步骤

步骤1：将工件装夹到加工中心工作台上的工装上。

步骤2：用红宝石探头进行坐标系的创建,必须与零件在 UG 软件中设置的机床坐标系重合。

步骤3：将程序通过 U 盘输入到加工中心电脑中,并适当修改其中相关的参数。

步骤4：将所需要的刀具放入刀库,并进行相应参数的设置。

步骤5：首次加工时,先进行程序的试运行,确定程序无误后再进行试切,试切时,应采用单段运行方式,并降低进给率和快进速度,防止撞刀,当一切运行正常之后再采用自

动运行方式加工。加工时,根据刀片材料,在需要时加切削液或者采用风冷,但不能在刀具进行铣削时或刀具发热时进行冷却,这样容易损坏刀具。

步骤 6:等程序运行完之后测量工件尺寸,如有偏差则进行刀补或对程序进行修改。

第7章　叶轮加工

7.1　概　述

叶轮,一般是离心式压气机的部件,也是高速旋转的部件。工作叶轮上叶片间的通道是扩张形的,在空气流过该通道时,对空气做功,增大了空气的流速,这就为气体在扩压器中的增压创造了条件。同时也增大了空气的压力,这就是所谓的扩散增压。

按结构叶轮分为单面叶轮和双面叶轮两种。所谓单面叶轮是在轮盘的一侧安装叶片,从一面进气;而双面叶轮是在轮盘的两侧都安装叶片,从两面进气,这样不仅可以增大进气量,而且对于平衡作用在轴承上的轴向力也有好处。

叶轮大多使用铝合金锻造后经热处理制成,小型发动机的离心叶轮也有用钛合金铸造而成的。叶轮定位于离心叶轮轴上,并由其带动;叶轮轴通过端齿或精密螺栓传扭,并保证叶轮因受热或受离心负载而产生径向变形时的定心。

7.2　叶轮加工实例分析

图 7-1 所示的零件为本章叶轮加工的实例,通过对实例的加工前准备、程序编制、加工中心加工等一系列的完整加工过程来详细介绍叶轮加工的一般步骤。

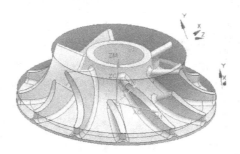

图 7-1　实例

① 通过图纸或参数,在 UG 10.0 的建模界面绘制零件的三维图。

② 进入 UG 10.0 的加工环境,选择下拉菜单"分析"→"NC 助理"命令,系统弹出图7-2 所示的"NC 助理"对话框。在对话框弹出后,框选图形;在"分析类型"下拉列表中选择"拐角"选项;在"操作"区域单击"分析几何体"按钮 ;在"结果"区域单击"信息"按钮,系统弹出如图 7-3 所示的"信息"对话框,在该对话框中显示了零件上的拐角个数

及每个拐角的角度,可以根据这些数据准备相应刀具。

图 7-2　"NC 助理"对话框

图 7-3　"信息"对话框

7.2.1　工序制定

该零件的加工工艺路线如图 7-4 所示。

图 7-4　加工工艺

7.2.2　刀具准备

根据"NC 助理"得出的结论可知,零件最小的拐角的半径尺寸为 10 mm,在加工时,粗铣加工选择球头 D20 的刀具,精铣加工选择球头 D12 的刀具。

加工所用刀具:D20(球头铣刀)、D12(球头铣刀)。

7.2.3　切削参数

切削参数见表 7-1。

表 7-1　切削参数表

加工工序	转速/（r/min）	切削量/（mm/r）
粗铣叶片	2 500	2 000
精铣轮毂	3 000	200
精铣叶片	3 000	200
精铣叶根圆角	3 000	200

7.3　程序编制

7.3.1　程序编制前准备

1. 打开模型文件并进入加工环境

步骤 1：打开模型文件。

步骤 2：进入加工环境。选择下拉菜单"启动"→"加工"命令，系统弹出"加工环境"对话框；在"加工环境"对话框的"CAM 会话配置"列表框中选择"cam_general"选项；在"要创建的 CAM 设置"列表框中选择"mill_multi-blade"选项，单击"确定"按钮，进入加工环境。

2. 创建几何体

（1）创建机床坐标系和安全平面

步骤 1：进入几何视图。在工具条"导航器"模块中选择"几何视图"命令，在"工序导航器"中双击"MCS"，系统弹出如图 7-5 所示的"MCS 铣削"对话框。

步骤 2：创建机床坐标系。在"MCS 铣削"对话框的"机床坐标系"区域中单击"CSYS"对话框按钮 ，系统弹出"CSYS"对话框，在"类型"下拉列表中选择"自动判断"选项，选定零件的顶面，单击"确定"按钮，完成图 7-6 所示机床坐标系的创建，之后系统返回"MCS 铣削"对话框。

图 7-5　"MCS 铣削"对话框

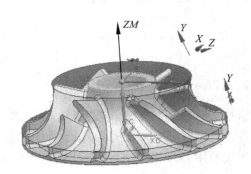

图 7-6　机床坐标系的创建

步骤 3：创建安全平面。

① 在"MCS 铣削"对话框"安全设置"区域的"安全设置选项"下拉列表中选择"平面"选项，单击"平面对话框"按钮 ⬚，系统弹出"平面"对话框。

② 选取如图 7-6 所示的顶表面，在"安全设置"区域的"安全距离"文本框中输入"10.0"，单击"确定"按钮，系统返回"MCS 铣削"对话框，完成安全平面的创建。

（2）创建部件几何体

步骤 1：在工序导航器中双击"MCS_MILL"节点下的"WORKPIECE"，系统弹出"工件"对话框。

步骤 2：选取部件几何体。单击"选择或编辑部件几何体"按钮 ⬚，系统弹出"部件几何体"对话框。

步骤 3：在图形区选取整个零件为部件几何体，单击"确定"按钮，完成部件几何体的创建，同时系统返回"工件"对话框。

（3）创建毛坯几何体

步骤 1：在"工件"对话框中单击 ⬚ 按钮，系统弹出如图 7-7 所示的"毛坯几何体"对话框。

步骤 2：在"类型"下拉列表中选择"几何体"选项，在"限制"区域设置符合要求的参数，如图 7-7 所示。

步骤 3：单击"确定"按钮，系统返回到"工件"对话框。

步骤 4：单击"确定"按钮，完成如图 7-8 所示的毛坯几何体的创建。

图 7-7　"毛坯几何体"对话框

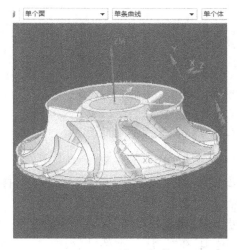

图 7-8　毛坯几何体

3．创建刀具

步骤 1：在工具条"导航器"模块中选择"创建刀具"命令，系统弹出如图 7-9 所示的"创建刀具"对话框。

步骤 2：确定刀具类型。在"类型"下拉列表中选择"mill_multi-blade"选项；在"刀具子类型"区域单击"BALL_MILL"按钮 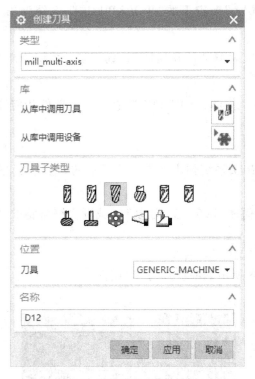；在"位置"区域的"刀具"下拉列表中选择
"GENERIC_MACHINE"选项；在"名称"文本框中输入"D12"；然后单击"确定"按钮，系统
弹出如图7-10所示的"铣刀-球头铣"对话框。

步骤3：设置刀具参数。按如图7-10所示设置参数。单击"确定"按钮，完成刀具的
创建。

采用同样的方法可以创建D20的球头铣刀。

图7-9　"创建刀具"对话框

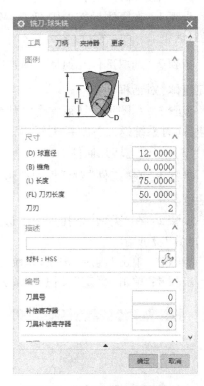

图7-10　"铣刀-球光铣"对话框

7.3.2　叶轮铣削加工

（1）创建工序

步骤1：在工具条"导航器"模块中选择"创建工序"命令，系统弹出"创建工序"对
话框。

步骤2：确定加工方法。在"创建工序"对话框的"类型"下拉列表中选择"mill_multi-
blade"选项，在"工序子类型"区域中单击"多叶片粗加工"图标，如图7-11所示。

步骤3：在"多叶片粗加工"对话框中指定叶轮轮毂、包覆、叶片、叶根圆角、分流叶片
等，如图7-12所示。

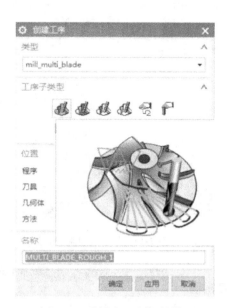

图 7-11　"创建工序"对话框

图 7-12　"多叶片粗加工"对话框

（2）设置驱动方法

步骤 1：在"驱动方法"对话框区域中单击"叶片粗加工"按钮，系统弹出如图 7-13 所示的"叶片粗加工驱动方法"对话框。

步骤 2：在"叶片边点"对话框中，选择"沿叶片方向"，在"切削模式"对话框中选择"往复上升"，在"切削方向"对话框中选择"顺铣"，步距选择"恒定"，一般最大距离不超过刀具半径百分比的一半，即 50%。

（3）设置切削参数

步骤 1：单击"多叶片粗加工"对话框"刀轨设置"区域中的"切削参数"按钮 ，系统弹出"切削参数"对话框。

步骤 2：单击"刀轴控制"选项卡，设置参数如图 7-14 所示，其他选项卡中的参数设置值采用系统默认值。单击"确定"按钮，完成切削参数的设置，系统返回"多叶片粗加工"对话框。

图 7-13　"叶片粗加工驱动方法"对话框

图 7-14　"刀轴控制"选项卡

（4）设置非切削移动参数

步骤 1：单击"多叶片粗加工"对话框"刀轨设置"区域中的"非切削移动"按钮，系统弹出"非切削移动"对话框。

步骤 2：单击"非切削移动"对话框中的"转移/快速"选项卡，其参数的设置如图 7-15 所示，其他选项卡中的参数设置值采用系统默认值。单击"确定"按钮，完成非切削移动参数的设置，系统返回到"多叶片粗加工"对话框。

（5）设置进给率和速度

步骤 1：单击"多叶片粗加工"对话框中的"进给率和速度"按钮，系统弹出"进给率和速度"对话框。

步骤 2：选中"主轴速度"区域中的"主轴速度（rpm）"复选框，在其后的文本框中输入"2 500.0"，在"进给率"区域的"切削"文本框中输入"2 000.0"，单击"计算"按钮。

图 7-15　"转移/快速"选项卡

步骤 3：单击"进给率和速度"对话框中的"确定"按钮，完成进给率和速度的设置，系统返回到"多叶片粗加工"对话框。

（6）生成刀路轨迹并仿真

步骤 1：在"多叶片粗加工"对话框中单击"生成"按钮 ，在图形区生成图 7-16 所示的刀路轨迹。

图 7-16　刀路轨迹

步骤 2：在图形区通过旋转、平移、放大视图，再单击"重播"按钮 重新显示路径，可以从不同角度对刀路轨迹进行查看，以判断其路径是否合理。

步骤 3：单击"确认"按钮 ，系统弹出"刀轨可视化"对话框。

步骤 4：使用 2D 动态仿真。单击"2D 动态"选项卡，采用系统默认设置值，调整动画速度后单击"播放"按钮 ▶ ，即可演示 2D 动态仿真加工，完成演示后的模型如图 7-17 所示，仿真完成后单击"确定"按钮，完成仿真操作。

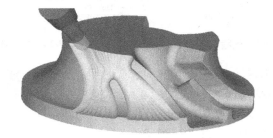

图 7-17　2D 动态仿真

7.4　多叶片加工程序

7.4.1　多叶片粗加工程序

（1）生成多叶片粗加工程序

步骤 1：在程序顺序视图中移动光标到工序导航器"FLOOR_WALL"上右击，显示下拉菜单，单击"后处理"选项，系统弹出如图 7-18 所示的"后处理"对话框。

步骤 2：在"后处理器"下拉列表中选择"DMU60"选项，在"输出文件"区域"文件名"文本框中设置程序保存位置，其他参数设置值采用系统的默认值。单击"确定"按钮，完成操作,系统弹出如图 7-19 所示的"信息"对话框。

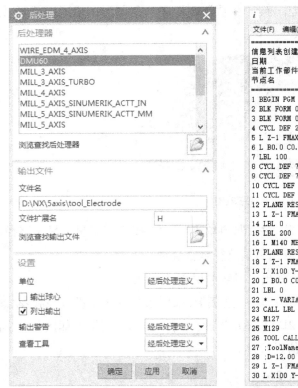

图 7-18 "后处理"对话框

图 7-19 "信息"对话框

(2)多叶片粗加工程序

1 BEGIN PGM 100 MM

2 BLK FORM 0.1 Z X0.0 Y0.0 Z −20.

3 BLK FORM 0.2 X100. Y100. Z0.0

4 CYCL DEF 247 DATUM SETTING　Q339 = +0　　　;DATUM NUMBER

5 L Z −1 FMAX M91

6 L B0.0 C0.0 FMAX

7 LBL 100

8 CYCL DEF 7.0 DATUM SHIFT

9 CYCL DEF 7.1 X0.000

10 CYCL DEF 7.2 Y0.000

11 CYCL DEF 7.3 Z0.000

12 PLANE RESET STAY

13 L Z −1 FMAX M91

14 LBL 0

   ⋮

4966 L X −37.939 Y12.75 C341.044

4967 L X −37.941 Y12.791 C340.988

4968 L X −37.944 Y12.873 B −59.999 C340.875

4969 L X −37.951 Y13.038 C340.65

4970 L X −37.957 Y13.204 C340.425

4971 L X −37.961 Y13.287 B −60. C340.313

4972 L X −37.963 Y13.328 C340.256

4973 L X −37.964 Y13.37 C340.2

4974 L X −38.379 Y13.518 Z −.875

⋮

9016 L X204.312 Z10. FMAX

9017 CYCL DEF 32.0 TOLERANCE

9018 CYCL DEF 32.1

9019 M129

9020 CALL LBL 200

9021 M9

9022 L B0.0 C0.0 FMAX

9023 M30

9024 END PGM 100 MM

9025；Total Machining Time；116.32 MIN

余下的叶轮加工可参照上述步骤,在"创建工序"对话框的"类型"下拉列表中选择"mill_multi-blade"选项,在"工序子类型"区域中单击"精铣轮毂""精铣叶片""精铣叶根圆角"来完成。

7.5　DMU 60 叶轮加工

7.5.1　叶轮加工原理、特点及注意事项

1. 叶轮加工原理

叶轮是涡轮式发动机的核心部件。其典型的应用还有离心压缩机、泵、径流式涡轮和膨胀机等许多动力机械。其加工质量的优劣对发动机的性能有着决定性的影响。然而通常发动机中的叶轮为整体叶轮,而其叶片的形状又是由机械中最难加工的曲面构成的。因此整体叶轮的加工一直是机械加工中长期困扰工程技术人员的难题。

叶轮加工的复杂性主要在于其叶片是复杂的曲面造型。能否精确地加工出形状复杂的叶轮已成为衡量数控机床性能的一项重要标准。曲面根据形成原理可以分为直纹曲面和非直纹曲面。直纹面又可分为可展直纹面和非可展直纹面。对于可展直纹面完全可以使用非数控机床进行加工。而对于非可展直纹面和自由曲面非直纹曲面叶片的整体叶轮来说则必须用四轴以上联动的数控机床才能准确地将其加工出来。

由于数控机床具有四轴联动或五轴联动的功能,则利用它进行叶轮加工时既可以保证刀具的球头部分对工件进行准确地切削,又可以利用其转动轴工作使刀具的刀体或刀杆部分避让开工件其他部分避免发生干涉或过切。

2. 叶轮加工特点

叶轮整体加工是指轮廓与叶片在同一毛坯上加工成形。其加工过程大致包括以下几个主要工序:① 多叶片粗加工;② 精铣轮毂;③ 精铣叶片;④ 精铣叶根圆角。

粗加工是以快速切除毛坯余量为目的,其考虑的重点是加工效率,要求大的进给量和尽可能大的切削深度,以便在较短的时间内切除尽可能多的切屑,粗加工对表面质量的要求不高,因此,提高粗加工效率对提高曲面加工效率及降低加工成本具有重要意义。

精加工可以采用点铣法和侧铣法。

第一类是点铣法,即用球头刀按叶片的流线方向逐行走刀,逐渐加工出叶片曲面。这种方法在自由曲面型叶片上普遍采用,在一小部分直母线型叶片上也采用。我国航天用的转子、风扇的加工都采用点铣法。

第二类是侧铣法,即用圆柱铣刀或圆锥铣刀的侧刃铣削叶片曲面,它主要用于直母线型叶轮的加工。这种铣削方法比采用点铣法能显著改善叶片的表面粗糙度及显著提高叶轮的加工效率。

3. 叶轮注意事项

① 利用点铣法进行精加工时,能够较精确地加工出符合叶片设计型面的要求,精度高,而且加工走刀方向和设计流线方向相同,对叶轮运行时的动力性能有利,但是其最显著的缺点是加工效率低下,而且,这种点铣的切削方式,只有刀具头部一点或一圈切削刃参加切削,刀具磨损严重,需要经常换刀及重磨刀具。

② 在编程方面,叶轮的数控加工代码的生成也是一个很重要的步骤。目前,我国大多数生产叶轮的厂家多数采用国外大型 CAD/CAM 软件。目前用得较多的有 UG NX,CATIA,Master CAM 等。本书以 UG NX 举例,输入参数后须经过许多步骤才能编出程序,需多次反复,而且编程人员必须对叶轮几何造型很熟悉,同时掌握了通用软件的使用方法才能编出叶轮数控加工程序。

③ 在进行铣削前,一定要进行 2D 仿真,注意刀具与夹具、叶片之间的位置,防止撞刀发生。

④ 在粗铣加工前,要对毛坯件,进行无损检测,如果发现零件材料热处理不好、有裂纹、组织不均匀等现象时,应及时停止加工,以免浪费工时。

7.5.2　叶轮加工步骤

步骤 1:将工件装夹到加工中心工作台上的工装上。

步骤 2:用红宝石探头进行坐标系的创建,必须与零件在 UG 软件中设置的机床坐标系重合。

步骤 3:将程序通过 U 盘输入加工中心电脑中,并适当修改其中相关的参数。

步骤 4:将所需要的刀具放入刀库,并进行相应参数的设置。

步骤 5:首次加工时,先进行程序的试运行,确定程序无误后再进行试切,试切时,应采用单段运行方式,并降低进给率和快进速度,防止撞刀,当一切运行正常之后再采用自动运行方式加工。加工时,根据刀片材料,在需要时加切削液或者采用风冷,但不能在刀具进行铣削时或刀具发热时进行冷却,这样容易损坏刀具。

　　步骤 6：等程序运行完之后测量工件尺寸,如有偏差则进行刀补或对程序进行修改。

参考文献

［1］DMG 培训学院股份有限公司,比勒菲尔德:《海德汉 iTNC530 操作和编程培训手册》,2011 年。

［2］DECKEL MAHO Pfranten:《海德汉 iTNC530 用户手册(Simplified Chinese)》,2004 年。

［3］DECKEL MAHO Pfranten:《DMU60 monoBLOCK HEIDENHAIN iTNC530 使用说明书》。

［4］约翰内斯·海德汉博士公司:海德汉 iTNC530 数控编程培训手册(Simplified Chinese)V5,2011 年。

［5］槐创峰,贾雪艳:《UG NX10 完全自学手册》,人民邮电出版社,2016 年。

［6］展迪优:《UG NX10.0 数控加工完全学习手册》,机械工业出版社,2016 年。